耕地质量与生态环境管理

李　艳　著

ZHEJIANG UNIVERSITY PRESS
浙江大学出版社

前 言
Foreword

　　万物土中生,有土斯有粮。耕地是人类赖以生存的重要农业资源和不可替代的生产要素。耕地质量事关我国农业的可持续发展、人民群众的健康,是我国经济发展和社会稳定的核心所在。习近平总书记指出,"耕地是我国最为宝贵的资源","要像保护大熊猫一样保护耕地",要严防死守耕地红线,"不仅是数量上的,也是质量上的"。李克强总理也强调"要坚持数量与质量并重,严格划定永久基本农田,严格实行特殊保护,扎紧耕地保护的'篱笆',筑牢国家粮食安全的基石"。

　　人均耕地少、耕地质量总体不高、后备资源严重不足是我国的基本国情。从数量上看,2014 年我国人均耕地面积为世界水平的 40％左右,由于工业化、城镇化的快速推进,我国以每年减少耕地 40 万公顷的速度下降。从质量上看,我国耕地总体表现为"三大""三低"。"三大"指"中、低产田比例大""耕地质量退化面积大"和"污染耕地面积大"。据统计,我国中、低产田总面积占总耕地面积的 70％以上,其中低产田占比超过 30％;退化面积占总耕地面积的 40％以上,东北黑土层变薄,南方土壤酸化,西北地区耕地盐渍化、沙化问题突出;耕地污染加剧,威胁农产品质量和生态环境安全。据 2014 年 4 月环境保护部和国土资源部发布的《全国土壤污染状况调查公报》,全国土壤总的点位超标率为 16.1％。近 30 年来土壤中铜、铅等重金属有效态含量升高了 30％～300％。"三低"是指"土壤有机质含量低""补充耕地等级低"以及"基础地力低"。据悉,目前全国耕地土壤有机质含量比 20 世纪 90 年代初要低 0.07 百分点;补充耕地与被占耕地质量相差 2～3 个等级;基础地力贡献率比发达国家低 20～30 百分点。从耕地种植方面来看,我国用世界 1/3 的化肥,经营了占世界 1/5 的耕地,农业生产长期呈高投入、高成本和低效益态势,而耕地则长期呈高强度开发、超负荷透支和高面源污染的态势。

　　由此,耕地质量问题正引起广泛关注。中央要求耕地保护数量、质量并重,

"耕地数量不减少、质量有提高";要求加强耕地数量、质量、生态的"三位一体保护"。但已有耕地保护政策在制定与实施过程中,从耕地总量动态平衡到城乡建设用地增减挂钩,再到相关考核办法,耕地数量始终被置于优先位置,客观上形成占优补劣、占近补远、占水田补旱地的局面,耕地质量与结构趋于恶化。耕地质量的变化正对粮食安全、生态环境和社会经济发展构成严重威胁。

本书以社会经济快速发展的典型区域之一——浙江省杭州市富阳区作为研究区域,利用"3S"相关的空间信息技术、数字土壤制图技术、耕地质量评价、环境污染评价和地球化学评价等评价方法,结合著者的研究成果,具体介绍各评价方法在耕地土壤环境质量评价和管理中的应用实例,并提供切实的耕地质量建设与生态环境管控的对策和建议。研究对区域耕地资源利用和生态安全格局的认识和决策具有一定的指导意义,对耕地数量、质量和生态"三位一体"管护具有较好的参考价值,为耕地污染治理和修复决策提供一定的技术支持。全书共八章,包括如下主要研究内容。

第一章为绪论,介绍我国当前耕地质量与生态环境面临的突出问题,并对研究区域进行概述。

第二章采用遥感数据、野外实测点土壤数据和土地利用类型数据,基于压力—状态—响应(P-S-R)模型框架和遥感(RS)技术对耕地质量进行评价,获取耕地质量等级图;然后根据农业部颁布的耕地地力调查与质量评价技术规程中的方法体系,基于地理信息系统(GIS)的 P-S-R 技术进行研究区耕地质量评价;并将两种方法从评价指标、评价方法、评价结果等方面进行对比分析,探讨基于RS 技术进行耕地质量评价的新途径。

第三章分析耕地土壤肥力的分布情况并预测制图。首先对土壤肥力各单项指标进行基于地统计学的空间自相关性分析并进行空间预测制图,并针对土壤有机质分别进行基于随机森林和土壤—环境推理模型的数字土壤制图方法探索;然后研究土壤综合肥力评价最小数据集法,确定参与综合土壤肥力制图的最少关键肥力指标,计算综合土壤肥力指数并插值成图;最后,采用可利用辅助变量的两种制图方法——模糊 c 均值聚类和回归克里格方法分别对土壤综合肥力进行预测制图,探讨不同方法的优劣,对制图精度进行评价。

第四章依据研究区耕地质量分等成果、野外调查样点数据以及统计部门提供的年鉴数据等数据,通过建立不同层次的耕地生产能力核算模型,测算不同层次的产能,从数量和空间上全面掌握耕地产能状况,并在此研究成果基础上,对耕地利用强度和利用潜力进行评价,对研究区耕地进行管理分区研究,提出各区有针对性、区别化的耕地利用和管理对策。

第五章以影响耕地质量的三千多个土壤元素样点数据为基础,包括土壤大量元素(N、P、K、S、Ca)、土壤微量元素(B、Mo、Mn)、pH 和土壤重金属元素(As、Cr、Ni、Pb、Hg、Zn、Cu、Cr),对耕地质量的影响因素进行地球化学特征分析和空间分布格局分析,得出营养元素的丰缺度、土壤酸化程度和重金属元素的污染状况,明晰这些元素的空间分布格局。

第六章针对耕地土壤八大重金属元素(As、Cr、Ni、Pb、Hg、Zn、Cu、Cr),分别采用单因子指数法、内梅罗综合污染指数法和 Hakansons 潜在生态风险指数法对土壤重金属污染风险进行评价,得出重金属污染等级空间分布图,对评价结果进行可视化呈现;采用因子分析法对土壤重金属污染源进行解析,识别重金属污染的成因、来源及其不同污染源的贡献比例。

第七章基于模糊数学理论,结合层次分析法对研究区耕地土壤环境质量进行综合评价,获得全域、不同土壤类型、不同土地利用类型的环境质量等特征。

第八章针对前述研究结果和结论,着重提出耕地质量建设与生态环境管理和调控的对策和建议。

在每一章里,我们都尽力提供充足的理论和公式来加强文章内容的科学性,并以著者的研究成果作为应用案例来阐明研究的方法和结果。本书可供土地资源管理、生态学、环境科学等专业的师生使用,还可作为科研院所的科研技术人员、政府相关部门工作人员学习和工作的参考书。为方便读者学习和阅读,本书特附上彩图供查阅,详见本书最后一页说明。

由于受编写时间和写作水平之限,全书难免存在缺点甚至错误,敬请读者朋友批评指正。

本书很多实例和著作材料是著者主持或参加的国家 863 计划课题(2013AA102301)、国家重点研发计划项目(2016YFD0201200)和国家自然科学基金项目(40701007、41561049)的研究成果。在本书出版之际,要特别感谢浙江大学土地科学与不动产研究所及浙江大学土地管理系老师的大力支持和热情帮助,以及陈惠芳、韩卫东、司雨丹等研究生在数据处理和资料整理中付出的辛勤劳动,在此一并致以衷心的感谢。

著　者

2017 年 3 月

目 录
Contents

第一章　我国耕地质量与生态环境问题

第一节　我国耕地质量问题

我国有着十分突出的人口与耕地矛盾。在单位面积产量差距不大的情况下,人均耕地资源的多少决定了一个国家生产的粮食能否满足人们需求的状况(Tao et al.,2013)。尽管国家制定了实现耕地总量动态平衡的战略目标和举措,遏制了耕地面积不断减少的局面,但耕地面积数量上的平衡并不意味着保障耕地产出能力的平衡(Dumanski et al.,2000)。近年来,我国优质耕地占用多而开发补充少,耕地质量趋于下降。与此同时,化肥农药大量施用、工业污染、长期过度超负荷利用等造成土壤理化性状指标不断下降和地力不断减退,以及部分地区土地重金属含量超标(Zhao et al.,2012)。因此,虽然通过占补平衡等措施有效遏制了耕地数量快速减少的势头,但耕地资源总体生产能力仍在缩减。

耕地质量是多层次的综合概念,是各方面因素的总和,表现为耕地生产能力的高低、耕地环境状况的优劣以及耕地产品质量的高低(沈仁芳等,2012)。总体上,我国耕地质量现状可以概括为优质耕地比例低、坡耕地数量多、水土资源不均衡、土壤养分较缺乏、耕地障碍问题严重等(刘占锋等,2013)。我国各个地区自然条件差异显著,不同地区耕地质量问题也存在较大差异:①东北黑土区耕地质量的突出问题是由于不合理的耕作和水土流失所导致的黑土退化问题(贾洪雷等,2010)。黑龙江省水土保持科学研究所的定位观测表明,许多地方坡耕地年土壤流失厚度超过1cm,土壤有机质含量从开始的8%以上下降到了3%左右。②北方农牧交错带土地风蚀沙化问题比较严重(梁海超等,2010)。研究显示,北方沙尘暴的地表物质主要是粉沙,其主要来源就是退化的耕地和草地。而人类不合理的耕作、放牧等经济活动是加剧土壤风蚀的重要因素(苏永中等，2005)。③西北部雨养农区耕地干旱缺水问题突出，同时养分失调、土壤污染也日益严重(段武德等，2011)。④黄土高原因降水少、气候干旱，导致耕地土壤水环境差，同时不合理的耕作导致了严重的水土流失和土壤贫瘠化(邱扬等，2004)。⑤东南红黄壤区耕地的主要特点是，土壤黏、酸、瘦、板和耐旱能力差(赵其国等，2013)。同时，在东南沿海地区，"占优补劣"现象更加严重，单方面地注重数量平衡而忽视质量平衡，造成耕地质量及其生产能力总体水平下降，以及工业化、城市化过程中的土壤污染问题(徐艳等，2005；宋懿等，2013)。⑥西南地区耕地质量主要问题是土层厚度薄、土壤贫瘠、受季节性干旱和不合理开发利用导致的石漠化等土地退化(刘宗元等，2014)。此外，据有关统计，西南地区也是我国水土流失面积最大的地区，占本区土地面积的37.4%。据长江宜昌站多年的观测资料，长江上游的年输出沙量达5.3亿吨，严重的水土流失也加剧了土壤肥力退化。根据不同区域耕地质量的差异性，需要采取差异化的针对性治理措施，才能有效改善耕地退化。

耕地资源质量对土地生产力起着决定性的作用，与粮食的持续生产能力关系更为密切(吴次芳等，2010)。在物质、技术等水平较低的状态下，虽然耕地资源数量的变化强烈影响着粮食总产量的变化，但是耕地资源数量的增加有限，同时也限制了粮食产量的持续增长。在耕地资源数量达到一定水平时，粮食总产量的提高必须依靠耕地质量的提高以及物质、技术投入的增加(张凤荣等，2006)。粮食安全必须同时建立在耕地数量安全和耕地质量安全的基础上。但是，目前优质耕地减少过多、补充耕地达不到被占用耕地的质量，土地过度开发利用导致土壤肥力下降、水土流失以及其他生态环境等问题突出，耕地保护仍以数量保护为主，对质量和生产条件的保护不足(吴次芳等，2009)。日益严峻的耕地质量问题将对我国的粮食安全带来巨大威胁，并影响经济社会的可持续发展。

第二节　耕地质量与生态环境

耕地质量问题与生态环境问题相互胶着，生态环境恶化会加快和加重耕地质量退化，耕地质量退化又会引发生态环境恶化，对土地的永续利用和人地和谐产生全面威胁。具体表现为，植被破坏、生物减少特别是土壤中生物与微生物减少等形式的生态问题将导致土壤水源涵养能力降低，土表裸露与水土流失、风蚀加重，土地抗灾能力降低，土壤恶化，地力减退；土壤有机质减少，氮、钾、钙、磷含量降低及土壤板结、污染等形式的质量退化将恶化生境、破坏生态(Symeonakis et al.,2014)。

根据第二次全国土地调查和环境保护部的土壤调查数据,全国有 431.4 万公顷耕地位于地方坡度为 25°以上的陡坡,333.3 万公顷左右耕地为中、重度污染耕地,564.9 万公顷耕地位于东北、西北林区、草原以及河流湖泊最高洪水位控制线范围内。优质耕地减少较快,适宜稳定利用的耕地超过 1.2 亿公顷(王世元,2013)。在土地开发过程中,许多不适于耕作或具有较高生态环境价值的土地被过度开发成耕地,造成水土流失、风蚀、沙漠化、石漠化等形式的土地退化和生态环境功能弱化(吴次芳等,2011)。在土地利用过程中,耕地不合理的高强度利用,只用不养,过度依赖农药、化肥,土地抛荒闲置以及生产生活污染,导致部分耕地理化生性状恶化、地力减退和污染(赵其国等,2009)。

由于工业"三废"排放、农药化肥高频投入、污水灌溉、大气干湿沉降等活动的进行,我国耕地土壤环境安全问题日益突出。在耕地总面积不断减少的情况下,耕地污染面积却在急剧增加。我国耕地受到中、重度污染的面积约 333.3 万公顷,耕地污染超标率为 19.4%,超标面积达 2333.3 万公顷。其中镉(Cd)元素的超标率最高,污染面积也最大(环境保护部和国土资源部,2014)。特别是大城市周边、交通主干线及江河沿岸的耕地重金属污染物严重超标。在长江三角洲地区的土壤中,已经测出 15 种重金属污染元素,16 种多环芳烃类化学物质,100多种多氯联苯以及 10 多种更具持久性污染的化学物质;其他地区也受到了不同程度的污染。我国耕地污染退化的总体现状已从局部蔓延到区域,从单一污染扩展到复合污染,形成点源与面源污染共存,各种新旧污染与二次污染复合的态势(赵其国等,2009)。

重金属是农业生态系统中一类具有潜在危害的化学污染物,重金属污染是隐藏性、长期性和不可逆转的,一旦土壤对重金属的消纳容量达到饱和,就会对土壤产生毒害,导致土壤退化、农作物产量和品质降低。不但如此,重金属还会经过径流和淋洗作用污染水质,并通过食物链等途径对人类的生命健康造成威胁。据国土资源部 2014 年统计数据,全国每年受重金属污染的粮食量高达1200 万吨,相当于 4000 万人一年的口粮;因重金属污染而导致粮食减产量高达1000 万吨,总计经济损失至少 200 亿元(中国国土资源部土地整治中心,2014)。从频频发生的"血铅事件"、震惊全国的"镉米风波",到多地惊现的"癌症村",媒体的曝光和舆论的升级使得防治土壤重金属污染的任务日益迫切。

总之,耕地质量与生态环境胶着恶化的恶性循环在我国表现得十分突出,一方面显示了我国耕地质量问题的复杂性,另一方面又启示我们,只有同时加强耕地质量建设和耕地生态保育,才能从根本上解决现实困境,实现土地的可持续利用。

第三节 研究区概述

一、自然地理位置

富阳区属于杭州市辖区,位于浙江省杭州市的西南角。该区的地理坐标是以北纬 30°03′、东经 119°57′ 为中心位置,跨度是北纬 29°44′45″～30°11′58.5″、东经 119°25′～120°19.5′。东邻萧山区,西接桐庐县,南连诸暨市,北接西湖区、余杭区和临安区。区境总面积为 183.00km²,南北和东西跨度分别为 50.37km、68.67km。

研究区气候属亚热带季风气候,冬冷夏热,四季分明,降水充沛,光照充足。全年的平均气温、相对湿度、降雨量、日照、蒸发量、无霜期分别为 16.27℃、68%、1452.5mm、1899.9h、1235.3mm、248 天,并且东南风是其主导风向。

二、地形地貌特征

从整体上看,该地势由西北、东南向中部倾斜,最大的特征是具有"两山夹江"的地貌,东南是仙霞岭余脉,西北是天目山余脉。全区的最高点为江南主峰杏梅尖,海拔值为 1067.6m,皇天畈的海拔仅为 6.0m,是其中的最低处,该地区海拔的平均值为 300.5m。区内有低山、高丘、低丘、谷地、盆地、平原等多种地貌;山地、丘陵面积广大而平原、水域面积相对较小,山地、丘陵面积为 1439.60km²,占全区总面积的 78.61%;平原、盆地面积为 299.63km²,占全区总面积的 16.36%;水域面积为 91.98km²,占全区总面积的 5.02%,故有"八山半水分半田"之称。低山为区内地势最高处,较集中分布于东南部,占全区总面积的 16.9%,其总面积值为 309.10km²,占山地面积的比例为 22.3%,其是仙霞岭向东北延伸时的余脉,其中一脉由向铁岭发源,经萧山进入,延伸到西北方;另一脉经诸暨进入,延伸到西北,连接里山、渔山,组成东南整个山区。在低山的外围分布着高丘,具有较广的分布,其面积为 631.90km²,占全区总面积的比例为 34.5%,在山区面积中所占比例达 45.6%。相对海拔高度、海拔分别为 200～400m,250～500m,坡度分布为 20°～30°。在低山、高丘的外围分布着低丘,四周都是盆地,坐落在沿江盆地、平原中,总面积在全区面积中所占比例为 24.3％,在山地面积中所占比例为 32.1％,总面积值为 444.62km²。谷地主要是河床、河滩地、河谷小平原、阶地,这些地区都是由河流冲积灰岩、西北高丘和低丘、东南低山而形成的,总面积值达到 80.30km²,在全区总面积中所占比例为 4.4％。依照地表形态、成因,可以把境内平原划分成新登盆地和沿江平原。前者的总面积为 58.60km²,地势由北西偏向东南,被渌渚江切割后变成开口;后者主要是海积皇天畈泻湖洼地、沿富春江两岸平原,它的延伸方向是由西南延伸至东北,两侧的宽度并不相等,其面积值为 279.70km²,最集中地分布了耕地区,在全区耕地面积中所占比例超过 50％。

三、水文地质特征

富阳区内河流属于钱塘江,在富阳区的中部贯穿着富春江,流程长达 52km,渔山溪,龙门溪,新桥江,壶源江,大、小源溪,青云浦等都沿着钱塘江流入东海之中。这些河流除了拥有大量的水资源外,也沟通了区内交通。

四、土壤类型

富阳区的土壤类型分为 6 个土类、13 个亚类、28 个土属和 50 个土种。6 大类分别为红壤、水稻土、石灰岩、粗骨土、黄土和潮土。全区土壤主要以红壤和水稻土为主,红壤面积为 1066.20km²,占全区总面积的 57.96％,水稻土面积为 403.59km²,占全区总面积的 22.24％,这两种土壤在全区范围内都有分布;石灰岩土面积为 124.88km²,占全区总面积的 6.98％,主要分布在研究区的西北部;粗骨土面积为 114.01km²,占全区总面积的 6.37％,在研究区北部、西北部和中部有零星分布;黄壤面积为 68.75km²,占全区总面积的 3.84％,主要分布于灵桥镇、里山镇和南部地区几个乡镇;潮土仅有 12.80km²,占全区总面积的 0.71％,沿河流分布。

五、土地利用类型

富阳区面积为 183100hm²,建设用地、农用地、耕地面积分别为 6304hm²、170867hm²、23051hm²,所占比例分别为 3.44％、93.32％、12.59％;此外,水域面积为 5546hm²,占 3.03％,其他用地面积为 383hm²,占 0.21％(见图 1.1)。

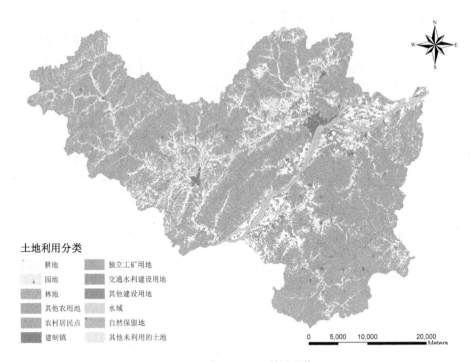

土地利用分类

耕地	独立工矿用地
园地	交通水利建设用地
林地	其他建设用地
其他农用地	水域
农村居民点	自然保留地
建制镇	其他未利用的土地

0 5,000 10,000 20,000
Meters

图 1.1　富阳区土地利用现状

六、社会经济状况

富阳区目前分为 5 个街道、13 个镇和 6 个乡(见图 1.2),共有 23 个社区、276 个行政村。截至 2013 年年底,户籍人口 65.9 万人。全区生产总值达到了571.4 亿元,同比增长 9.1%。三次产业结构由上年的 6.6∶59.5∶33.9 调整为6.7∶56.7∶36.6。其中,农林牧渔业总产值为 53.4 亿元,增长了 5.6%。实现了农业产业化,建成了 900hm² 的粮食生产功能区以及 6000hm² 的现代农业园区。工业总产值为 1599.6 亿元,增长了 5.5%。新兴行业,诸如生物医药、新型建材、机械电子等发展非常迅速,加上快速发展的现代服务业不断地提升、扩展、深化,并且坚持"商旅活市"。固定资产投资完成 286.8 亿元,增长 22.4%。旅游业方面,举办了一系列活动,比如浙江省首届大学生旅游节、"运动休闲日"嘉年华,等等。新沙岛申请成为国家 4A 级景区,吸进了大批游客,旅游收入达到59.5 亿元,增长了 4.0%。房地产、金融、保险、教育、科技、文化、卫生、体育、通信以及其他服务业也在迅速成长壮大。

富阳区自然资源丰富,森林覆盖率为 66.8%。到 2013 年,已确定富阳区内现有矿产十几种,石灰石最多,另外,金属和非金属矿藏有 20 多种。到 2012 年富阳区开采矿产资源的企业一共有 42 家,主要分布在富春街道、鹿山街道、新桐乡、春建乡、新登镇、渌渚镇、灵桥镇、里山镇、常安镇和万市镇等街道和乡镇。这 42 家企业年累计采矿量约 530 万吨。另外,富阳从两千多年前就开始造纸,是全国公认的"造纸之乡"。

图 1.2　富阳区行政区划

参考文献

段武德,陈印军,翟勇,等,2011.中国耕地质量调控技术集成研究[M].北京:中国农业科学技术出版社.

贾洪雷,马成林,李慧珍,等,2010.基于美国保护性耕作分析的东北黑土区耕地保护[J].农业机械学报,41(10):28-34.

梁海超,师华定,白中科,等,2010.中国北方典型农牧交错区的土壤风蚀危险度研究[J].地球信息科学学报,12(4):510-516.

刘占锋,傅伯杰,刘国华,等,2013.土壤质量与土壤质量指标及其评价[J].生态学报,26(3):901-913.

刘宗元,张建平,罗红霞,等,2014.基于农业干旱参考指数的西南地区玉米干旱时空变化分析[J].

农业工程学报,30(2):105-115.

邱扬,傅伯杰,王军,等,2004.黄土高原小流域土壤养分的时空变异及其影响因子[J].自然科学进展,14(3):294-299.

宋懿,梁春祥,2013.既要数量平衡又要质量平衡——探索建立中低产田改造折算耕地占补平衡指标制度[J].中国土地(3):44.

沈仁芳,陈美军,孔祥斌,等,2012.耕地质量的概念和评价与管理对策[J].土壤学报(6):1210-1217.

苏永中,赵文智,2005.土壤有机碳动态:风蚀效应[J].生态学报,25(8):2049-2054.

吴次芳,费罗成,叶艳妹,2011.土地整治发展的理论视野、理性范式和战略路径[J].经济地理(10):1718-1722.

吴次芳,靳相木,2009.中国土地制度改革三十年[M].北京:科学出版社.

吴次芳,谭荣,2010.农地保护层次论[M].北京:地质出版社.

徐艳,张凤荣,颜国强,等,2005.关于建立耕地占补平衡考核体系的思考[J].中国土地科学,19(1):44-48.

张凤荣,张晋科,张迪,等,2006.1996—2004 年中国耕地的粮食生产能力变化研究[J].中国土地科学,20(2):8-14.

赵其国,黄国勤,马艳芹,2013.中国南方红壤生态系统面临的问题及对策[J].生态学报,33(24):7615-7622.

赵其国,骆永明,腾应,2009.中国土壤保护宏观战略思考[J].土壤学报(6):1140-1145.

中国国土资源部土地整治中心,2014.土地整治蓝皮书:中国土地整治发展研究报告[R].北京:社会科学文献出版社.

中国环境保护部,国土资源部,2014.全国土壤污染状况调查公报[R].

Dumanski J, Pieri C, 2000. Land quality indicators: Research plan [J]. Agriculture, Ecosystems & Environment, 81(2): 93-102.

Symeonakis E, Karathanasis N, Koukoulas S, et al., 2014. Monitoring sensitivity to land degradation and desertification with the environmentally sensitive area index: The case of lesvos island[J]. Land Degradation & Development, 27(6):1562-1573.

Tao J, Fu M, Zhang D, et al., 2013. System dynamics modeling for the pressure index of cultivated land in China[J]. Journal of Food, Agriculture & Environment, 11(2): 1045-1049.

Zhao H, Xia B, Fan C, et al., 2012. Human health risk from soil heavy metal contamination under different land uses near Dabaoshan Mine, Southern China[J]. Science of the Total Environment, 417-418: 45-54.

第二章　耕地质量评价

第一节　耕地质量评价概述

国内外对耕地质量评价的研究都已有悠久的历史,其研究历程大致可分为定性评价和定量评价阶段。随着现代科学信息技术的快速发展,耕地质量评价的理论方法不断向着定量化方向发展,指标体系也更为系统合理。世界上不少学者将联合国经济合作组织提出的 P-S-R 模型作为土地可持续发展的研究框架(Acton et al.,1996;方琳娜等,2008)。20 世纪 90 年代,随着社会经济的发展,资源不合理利用带来了大量生态环境问题,建立包括自然环境和社会经济综合影响因子的土地可持续利用的评价指标和方法逐渐成为研究热点。近年来,土壤退化以及土壤污染问题愈来愈严重,农产品安全问题上升到了一定的高度,耕地质量的研究开始由单纯地注重粮食产量向粮食品质和环境污染并重转变,土壤健康质量逐渐成为当前耕地质量评价中的研究热点。土壤质量评价问题在多次土壤大会中成为讨论的重点内容(Dumanski,2000)。1991 年在美国召开的土壤质量研讨会中,重点探讨了土壤质量评价的指标体系,明确提出土壤质量应该从生产力、环境质量、人类和动植物健康三个方面进行评价(王玲,2011)。20 世纪90 年代后期,随着土壤质量概念引入我国,我国耕地质量评价研究有了新的发展。在国土资源部正式颁布农用地分等、定级、估价规程后,我国形成了具有中国特色耕地评价体系(吴群,2002)。但是从总体上来说,众多研究仍然是注重农业生产相关问题,而在耕地质量评价中与土壤健康质量相关的研究仍然比较少。

随着 GIS、RS 技术引入耕地质量评价研究,国内外的耕地质量评价研究在数据更新、评价精度等方面都有了质的飞跃,在多维度、多元信息的复合分析中取得了进步(傅伯杰,1990)。GIS 技术使得一些复杂的数学模型在土地评价中也得到了广泛的应用。GIS 具有强大的空间分析功能,可以将点状不规则分布的数据进行面状化处理,因此,运用 GIS 技术对耕地质量进行评价可以有效分析耕地质量参评因子的空间分布特征。GIS 技术可以将间断的、定性的数据以连续定量的方式精确表达在图上,大大提高了评价精度,克服了传统评价中速度慢、数据更新不方便、评价精度低等缺陷。GIS 技术与其他技术的结合运用已经成为当前耕地质量评价的必要手段,不仅节省人力、物力而且提高了评价精度,是当前耕地质量评价的主流方法。Nisar 等(2000)在 GIS 技术的支持下,运用模糊数学模型进行了农用地的适应性评价;刑世和等(2002)利用 GIS 采用动态聚类分析模型进行各评价单元属性数据的分析,最后获得每个多边形的综合分值,完成耕地质量评价;廖桂堂等(2007)利用地统计学、GIS 以及多元统计分析相结合的方法,对蒙顶山茶园土壤肥力质量进行了定量化综合评价研究;程晋南等(2009)在对山东省丁庄镇进行耕地质量评价时,利用系统聚类和 DELPHI 法筛选评价因素,层次分析法确定权重,模糊评价法确定耕地质量等级。而且,将数学评价模型利用计算机语言与 GIS 软件对接后,可以更大程度实现自动化和智能化。

通过遥感技术获取的信息具有覆盖面积大、实时性和现势性强、速度快、周期性强、准确可靠等特点,因此遥感技术已成为进行土地利用研究的重要技术手段。已有较多研究者在土地质量评价中应用 RS 技术。孙希华(2004)基于 RS 和 GIS 技术对山东省济南市章丘区农业自然资源质量进行了综合评价,在研究中采用目视解译方法对 TM 影像进行了耕地信息提取以及土地利用类型的分类。张韬(2003)等利用 TM 影像对乌拉盖综合开发区土地资源质量等级划分与评价进行了研究,在研究中对遥感的应用还是侧重于对 TM 遥感影像的解译。李辉霞等(2003)从遥感影像中提取出 NDVI 指数,根据 NDVI 与草地综合评价指数建立草地退化评价模型,为草地退化评价提供了一种新方法,实现了从遥感影像中提取评价指标。在这些研究中,遥感技术在耕地资源评价方面的应用主要集中在遥感影像解译和耕地信息提取上,在耕地质量评价指标提取上的应用还较少。方琳娜等(2008)利用遥感技术从 SPOT 遥感影像中获取全部评价因子,并在 Erdas 软件中建立评价模型,分析了即墨市耕地的质量。中国科学院地理研究所的刘彦随等(2010)也通过利用遥感技术从 ETM+遥感影像获取评价指标,建立评价模型,对横山县耕地质量评价进行了研究。

从已有研究来看,RS 技术在耕地质量评价中的应用主要体现在两个方面:

一是通过解译提取耕地信息以及不同的土地利用类型,二是从影像中提取各种指标作为评价指标。目前,RS 技术在耕地质量评价中的应用研究还不多,还有较大的研究空间。而且,随着遥感影像的空间分辨率越来越高,基于 RS 技术的耕地质量评价精度也会越来越高,大比例尺的评价工作也可以得到实现。通过遥感影像提取的评价指标替代通过传统野外调查得到的评价指标,不仅节省了大量的时间、人力、物力,而且也保证了获取数据的精度。

因此,通过遥感影像快速获取的评价区域数据是目前耕地质量评价最佳的数据来源。由于受 RS 软件空间分析功能的限制,采用 RS 与 GIS 两种技术结合,利用通过遥感影像获取的评价因子数据在 GIS 中建立评价模型,将 RS 与 GIS 两种技术结合运用综合了两者的优点,是目前一种较为理想的耕地质量评价方法。

本研究首先采用富阳区遥感数据、野外实测点土壤数据和土地利用类型数据,基于 P-S-R 模型框架和 RS 技术对耕地质量进行评价,获取耕地质量等级图;然后根据农业部颁布的耕地地力调查与质量评价技术规程中的方法体系,基于 GIS 技术进行研究区耕地质量评价;并将两种方法从评价指标、评价方法、评价结果等方面进行对比分析,探讨基于 RS 技术进行耕地质量评价的新途径。

第二节　基于 P-S-R 模型和 RS 技术的耕地质量评价

一、综合评价框架

耕地质量指的是构成耕地的各种自然因素和环境条件状况的总和,表现为耕地生产能力的高低、耕地环境状况的优劣以及耕地产品质量的高低(方斌等,2006)。耕地生产系统是一个复杂的综合系统,要对耕地质量进行一个全面综合的评价,需要各种评价指标的保障。确保评价的可行性和合理性的关键取决于一个设计合理、有针对性的指标体系。

本研究选用 P-S-R 模型,将有关包括耕地环境压力、耕地现状质量条件以及土地利用类型在内的多种指标整合成一个评价指标体系从多个角度描述耕地质量。其中,压力指标描述人为活动对土地资源造成的压力,状态指标描述土地资源的自然环境本底和土地质量现状,响应指标描述社会对造成土地质量状态变化的压力的响应(聂艳等,2004)。本文依据 P-S-R 模型,从耕地压力指数(PPI)、耕地状态指数(LSI)以及土地利用类型指数(LUI)三个方面来建立耕地质量评价框架,耕地压力指数分别选取坡度(slope)、比值植被指数(RVI)、重金属指数(HMI);耕地状态指数分别选取土壤肥力指数(SFI)、归一化植被指数(NDVI)、差值植被指数(DVI),具体的评价框架如图2.1所示。

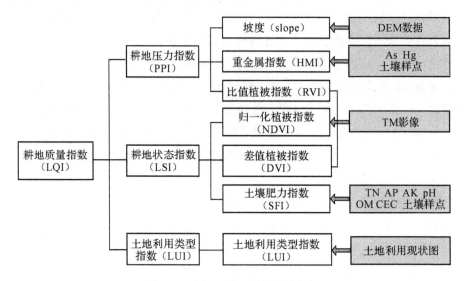

图 2.1　富阳区耕地质量评价框架

耕地压力指数表征的是当前耕地所处环境压力,包括了土壤退化、土壤重金属污染等压力,是一种潜在的耕地质量。这种耕地质量越高,它的抗退化能力就越强,土壤健康质量就越高;耕地状态指数表征的是当前耕地的生产能力状况,这种指数越高,耕地目前的土壤质量状况就越高,耕地生产能力就越强;土地利用类型指数表征的是不同的耕地利用方式,不同的耕地利用方式,会使各类耕地在利用程度和耕地质量上出现差异。

二、指标信息提取

(一)坡度

坡度是鉴别耕地质量的一个重要指标,具有不同坡度的耕地在质量和耕作利用上存在很大的差别,而且研究表明,坡度与水蚀危险性有着直接的相关性。平坦的耕地水蚀危险性小,在农业耕作上容易实施;随着坡度的增加,耕地水蚀危险性相应增加。富阳区位于丘陵低山区,坡度对耕地质量有一定的限制,虽然在目前大力推广的"退耕还林"政策下,坡度>15°的耕地已退耕还林,耕地的坡度对耕地质量的影响有所下降,但坡度对研究区耕地质量的影响还是不可忽略的,对耕地质量有一定的限制。本文将坡度设为一个评价指标,利用富阳区 DEM 数据在 ArcGIS 9.3 中提取坡度数据,得到富阳区坡度专题图。

(二)比值植被指数

国内外研究表明,遥感比值植被指数能够表征土壤盐渍化、重金属污染等土壤退化问题。外国学者 Dunagan 等(2007)以及 Andrew 等(2003)分别得出 RVI 与重金属 Hg 和 Zn 污染有较高的相关性这一结论。方琳娜(2008)将土壤样点的含盐量与 RVI 值做相关分析,结果表明 RVI 与土壤含盐量具有显著的相关性,可以应用 RVI 反映出土壤盐渍化信息。著者通过对富阳区重金属污染特征研究,发现富阳区的重金属污染较严重,因此本文选取 RVI 作为表征耕地压力状态的指标,以反映富阳区的土壤退化信息。

利用 2010 年富阳区 TM 遥感影像在 ENVI 4.7 软件中提取得到遥感比值植被指数 RVI,其计算公式为:

$$RVI = NIR/RED = band\ 4/band\ 3 \tag{2.1}$$

式中,NIR,band 4 为近红外波段;RED,band 3 为红外波段。

(三)归一化植被指数

通过遥感影像提取的植被指数可以快速获得大范围内的植被信息,且有研究表明植被指数与植被的盖度、生物量等有较好的相关性。归一化植被指数是植被指数中的一种,它可以准确地反映植被覆盖度等生长信息,反映出土壤肥力,NDVI 值越高,说明植被覆盖率越高,土壤质量越好(赵建军等,2012)。日本的竹内章司对归一化植被指数与植被覆盖率的定量关系进行了研究,研究表明利用 TM 影像提取的植被指数与植被覆盖率的相关系数达到 0.9 以上(竹内章司,1987)。归一化植被指数被用作表征土壤肥力状况的研究已越来越多。因此,本研究也选取 NDVI 作为表征土壤肥力的一个指标,通过 2010 年富阳区 TM 影像在 ENVI 4.7 软件中提取得到 NDVI,其计算公式为:

$$NDVI = (NIR - RED)/(NIR + RED) = (band\ 4 - band\ 3)/(band\ 4 + band\ 3) \tag{2.2}$$

式中,NIR,band 4 为近红外波段;RED,band 3 为红外波段。

（四）差值植被指数

土壤水分含量、土壤保水能力对农业生产活动非常重要，土壤的水分条件是评价耕地质量的一个重要指标。众多研究表明植被指数与各种测量所得的土壤水分有效性之间有密切的经验关系。Lesley 等（2007）研究表明差值植被指数能够用来反映地表湿度信息，方琳娜（2008）将研究区 DVI 与土壤含水量进行了相关分析，得出研究区 DVI 与土壤的含水量具有显著的相关性。因此，本文选用差值植被指数作为表征土壤含水量的指标，通过 2010 年富阳区 TM 影像在ENVI 4.7 软件中提取得到 DVI，其计算公式为：

$$DVI = NIR - RED = band\ 4 - band\ 3 \tag{2.3}$$

式中，NIR，band 4 为近红外波段；RED，band 3 为红外波段。

（五）重金属指数

土壤重金属含量的高低直接影响生态系统健康和食品安全，是耕地质量的一个重要方面。土壤重金属含量过高将直接影响农产品安全，威胁到农业可持续发展和人体健康。著者通过对富阳区重金属污染风险评价研究，发现研究区内重金属 Hg、As 污染特别严重，已经成为研究区土壤重金属污染的主要因子（陈惠芳，2013），因此，将研究区 Hg、As 两种重金属构成的重金属指数作为表征耕地质量评价中压力指数的一个重要指标。

Hg、As 样点在 ArcGIS 9.3 中采用反距离权重插值法（inverse distance weighted，IDW）插值得到 Hg、As 专题图，然后根据表 2.1 所示的指标赋值标准得到 Hg、As 的分值专题图。Hg、As 对耕地质量都有着至关重要的影响，因此对这两个指标赋予同样的权重。通过加权计算，得到 HMI 分值专题图。HMI 的计算公式如下所示：

$$HMI = (V_{Hg} + V_{As})/2 \tag{2.4}$$

式中，V_{Hg} 表示 Hg 的分值；V_{As} 表示 As 的分值。

表 2.1　土壤重金属指数分级及其分值

指标	指标等级	分值
Hg(mg/kg)	≤1.3	>80～100
	>1.3～1.8	<70～80
	>1.8～2.4	>60～70

指标	指标等级	分值
	>2.4～3.6	>50～60
	>3.6～5.9	≤50
	≤60	>80～100
	>60～100	>70～80
As(mg/kg)	>100～125	>60～70
	>125～165	>50～60
	>165～305	≤50

(六)土壤肥力指数

土壤肥力指数的获取主要通过研究区内实测土壤样点的各养分指标值。本研究采用李桂林等(2007)提出的改进的 PCA 方法来选取评价土壤肥力质量的指标,该方法不仅能最大限度减少数据冗余和尽可能少丢失土壤肥力信息,而且考虑到了不同土地利用类型对土壤肥力的影响。

土壤氮有两种形式:全氮和有效氮。全氮量通常用于衡量土壤氮素的基础肥力,而土壤有效氮量与作物生长关系密切;由于土壤中大量游离碳酸钙的存在,大部分土壤磷成为难溶性的碳酸钙磷,致使全磷含量高的土壤却不一定能说明土壤有足够的有效磷供应作物生长的需要,所以对表征土壤肥力高低需测定土壤中的有效磷;土壤钾肥的供应能力主要决定于速效钾和缓效钾,土壤全钾的分析在肥力上意义并不大。所以本研究在选取土壤氮、磷、钾含量指标上分别选取了全氮、有效磷、速效钾。

因此,经综合分析后,最终选取了有机质(OM)、全氮(TN)、有效磷(AP)、速效钾(AK)、阳离子交换量(CEC)以及 pH 六个指标共同构成土壤肥力指数(SFI)。

上述六个指标的样点数据在采用四倍法去除异常值后分别在 ArcGIS 9.3 中采用反距离权重插值法(IDW)插值得到专题图,然后根据表 2.2 所示的指标赋值标准得到这六个指标的分值专题图。采用因子分析法确定权重系数,得到如下土壤肥力指数的计算公式

$$SQI = 0.2081 \times V_{OM} + 0.1953 \times V_{TN} + 0.1519 \times V_{AK} + 0.1051 \times V_{AP}$$
$$+ 0.1447 \times V_{CEC} + 0.1948 \times V_{pH} \tag{2.5}$$

式中,V_{SOM}、V_{TN}、V_{AK}、V_{AP}、V_{CEC}、V_{pH} 分别表示指标 OM、TN、AK、AP、CEC、pH 的分值。

表 2.2　土壤肥力指数分级及其分值

指标	指标等级	分值	指标	指标等级	分值
OM(%)	≤2.4	≤55	AP(mg/kg)	≤13	≤55
	>2.4~3.0	>55~70		>13~18	>55~70
	>3.0~3.4	>70~85		>18~30	>70~85
	>3.4~4.0	>85~100		>30~68	>85~100
	>4.0	100		>68	100
TN(%)	≤0.14	≤55	AK(mg/kg)	≤50	≤55
	>0.14~0.17	>55~70		>50~75	>55~70
	>0.17~0.20	>70~85		>75~120	>70~85
	>0.20~0.25	>85~100		>120~200	>85~100
	>0.25	100		>200	100
CEC(cmol/kg)	≤9.3	≤55	pH	≤5.0	≤60
	>9.3~10.8	>55~70		>5.0~5.5	>60~80
	>10.8~12.2	>70~85		>5.5~6.2	>80~100
	>12.2~13.9	>85~100		>6.2~6.8	100
	>13.9	100		>6.8~7.4	>80~100
				>7.4	>0~80

（七）土地利用类型指数

本研究采用土地利用类型指数作为 P-S-R 模型中响应层的指标。土地利用类型对耕地质量状况有很大的影响，不同的耕地利用方式就会有相对应不同的管理方式和投入，从而影响耕地质量。本研究中将研究区耕地分为四种类型：灌溉水田、菜地、旱地、望天田。耕地利用类型主要通过富阳区土地利用现状图提取，并对这种耕地利用类型进行赋值，获得各种土地利用类型指数的专题图。

三、评价方法

（一）获取各指标专题图

按照上述指标获取方法，可通过 DEM 数据得到坡度专题图；通过 TM 影像得到归一化植被指数、比值植被指数、差值植被指数专题图；重金属样点通过空间插值，分级赋值，并加权计算得到重金属指数专题图；土壤养分等样点通过空间插值，分级赋值，并加权计算得到土壤肥力指数。由于所选用的 TM 遥感数据分辨率为 30m，所以得到的各个指标的专题图都统一为 30m 分辨率的栅格图（见图 2.2）。

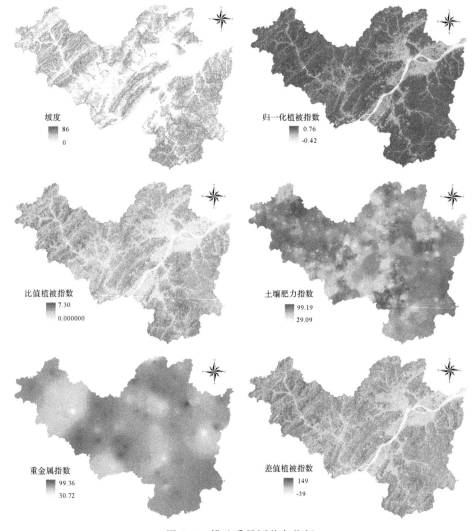

图 2.2　耕地质量评价各指标

　　从研究区坡度专题图中可以看出,研究区内中部坡度较小,西北和东南坡度较大。中部河谷平原区域坡度最小,中部丘陵区中的小片平坝或盆地区域坡度也较小,西北和东南山区坡度均较大。

　　比值植被指数专题图显示,河谷平原地区以及中部丘陵区域和山谷地区等地势较低区域的退化指数较高,而地势较高区域的退化指数普遍较低。RVI越高说明耕地抗退化能力越强,退化的可能性越小。从图中可以看出富阳区西北和东南山区,面临退化胁迫压力大,发生耕地退化可能性最大,而沿河分布的河谷平原地区以及中部丘陵区的盆地区域耕地发生退化的危险性较小。

归一化植被指数专题图显示,山地区域的 NDVI 较高,比河谷平原地区以及中部丘陵区域、盆地山谷区域都要高出较多。这主要与山地区域植被覆盖率很高有关。

差值植被指数专题图显示,山区的 DVI 比较高,这可能与山地区域的植被覆盖率高,保水蓄水能力较强有一定的联系。

从重金属指数专题图可以看出,西北山地区域的山谷农业耕作区域重金属以及部分河谷平原区域的城镇工矿区域的重金属得分较低,说明受重金属污染的胁迫压力较大,这与农耕活动以及生活、工业活动有密切的联系。

通过土壤肥力指数专题图可以直观地看出研究区内河谷平原地区沿河分布区域、中部丘陵区以及西北山地大部分区域得分较高,这些区域的土壤肥力较好。

(二)获取耕地各指标专题图

对上述各指标专题图(见图 2.2)利用耕地专题信息图在 ArcGIS 9.3 软件中做掩膜处理,得到耕地各指标的专题图(见图 2.3)。其中,耕地专题信息图通过提取土地利用现状矢量图中的耕地信息得到。

土地利用类型指数专题图(见图 2.4)通过对各土地利用类型按表 2.3 赋值得到。本研究中将耕地利用分为四类:灌溉水田、菜地、旱地、望天田。

表 2.3　土地利用类型指数分级及其分值

指标	指标等级	分值
土地利用类型指数	灌溉水田	100
	菜地	80
	旱地	60
	望天田	40

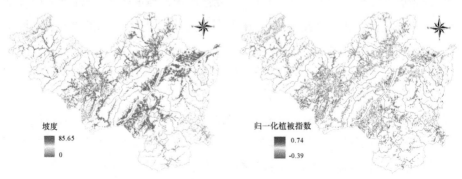

坡度
85.65
0

归一化植被指数
0.74
-0.39

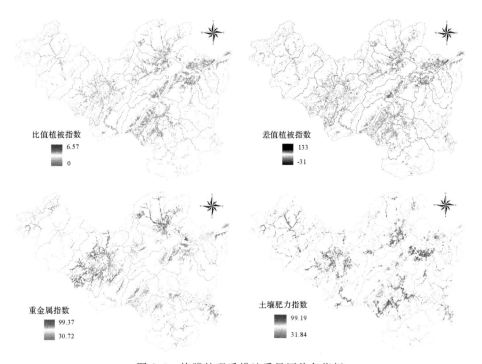

图 2.3 掩膜处理后耕地质量评价各指标

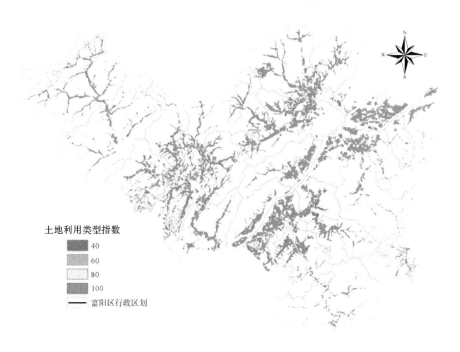

图 2.4 土地利用类型指数

(三)指标分级赋值

根据各指标的统计分析结果,并结合专家知识和前人研究成果,对各指标进行分级,确定分级赋值。最后确定的各指标分级及其分值情况如表 2.4 所示,其中土壤重金属指数、土壤肥力指数以及土地利用类型指数的分级及其分值分别见表 2.1、表 2.2、表 2.3。

表 2.4 耕地质量评价各指标分级及其分值

指标	指标等级	分值	指标	指标等级	分值
坡度	≤2	>98~100	比值植被指数	≤1.6	≤60
	>2~6	>80~98		>1.6~2.4	>60~70
	>6~15	>45~80		>2.4~3.0	>70~80
	>15	≤45		>3.0~4.0	>80~90
				>4.0	>90~100
归一化植被指数	≤0.14	≤60	差值植被指数	≤20	≤60
	>0.14~0.24	>60~70		>20~38	>60~70
	>0.24~0.4	>70~80		>38~56	>70~80
	>0.4~0.54	>80~90		>56~76	>80~90
	>0.54	>90~100		>76	>90~100

根据上述分级及其分值表,分别对所有指标运用线型内插方法赋予一个[0,100]的分值,利用线型内插方法对每个级别的观测值再赋予分值,即可以保证每个级别内分数的连续性。得到的耕地各指标的分级赋值图如图 2.5 所示。线型内插方法公式如下(Ochola et al.,2004):

$$y = \frac{d-c}{b-a} \times x + c - \frac{d-c}{b-a} \times a \tag{2.6}$$

式中,x 是观测值,并且 $x \in [a,b]$;y 是赋予的分值,$y \in [c,d]$。

(四)确定权重——层次分析法

为区分各评价指标对耕地质量的影响差异性,需要确定各个指标的权重。确定权重的方法很多,目前运用比较成熟的方法有:德而菲(Delphi)法、层次分析法(AHP)、因子分析法、灰色关联度法等。本研究根据 P-S-R 模型采用层次分析法确定各个评价指标的权重。层次分析法是在定性方法的基础上发展起来的定量确定参评因素权重的一种系统分析方法,这种方法可将人们的经验思维

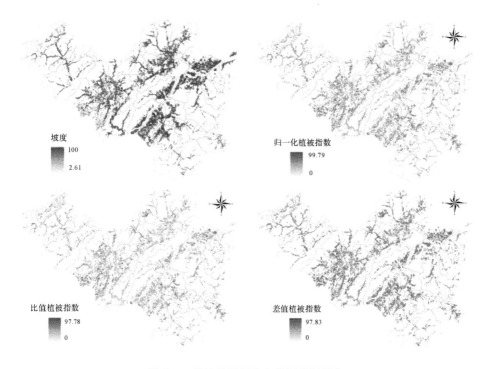

图 2.5　耕地质量评价各指标分级赋值

数量化,用以检验决策者判断的一致性,有利于实现定量化评价(庄锁法,2000)。为了使评价结果更加合理,在确定各个层次因子的权重时应参考以下原则(周勇等,2001):①约束层各因子的权重大小应与该因子对资源环境质量等级的贡献保持一致;②指标层各因子的权重大小应体现其在约束层中的相对贡献率;③计算权重时,各判断矩阵必须通过一致性检验。

　　研究中层次分析法确定权重过程在 yaahp 软件中完成,首先根据耕地质量评价框架建立层次结构,目标层为耕地质量(A 层),耕地压力指数、耕地状态指数以及土地利用类型指数为准则层(B 层),再把影响准则层中各元素的项目作为指标层(C 层),指标层分别为坡度、比值植被指数、重金属指数、土壤肥力指数、归一化植被指数、差值植物指数、土地利用类型指数。根据专家经验,构造 4 个判断矩阵。通过判断矩阵一致性比例检验后得到各个指标的权重,如表 2.5 所示。

表 2.5　富阳区耕地质量评价各指标权重

A 层	耕地压力指数(B1) 0.4	耕地状态指数(B2) 0.4	土地利用类型指数(B3) 0.2	组合权重 $\sum Bi \times Ci$
坡度(C1)	0.1095			0.0438
比值植被指数(C2)	0.3090			0.1236
重金属指数(C3)	0.5815			0.2326
土壤肥力指数(C4)		0.4		0.1600
归一化植被指数 (C5)		0.4		0.1600
差值植被指数(C6)		0.2		0.0800
土地利用类型指数(C7)			1	0.2000

四、评价结果

在获得耕地质量评价各个指标的分值分布图以及权重之后,就可以基于 P-S-R 模型从不同角度评价耕地质量,各个评价模型的运算在 ArcGIS 9.3 软件的加权运算中完成。

利用上述得到的权重系数,PPI、LSI 和 LQI 的评价模型分别为

$$PPI = 0.1095V_{slope} + 0.3090V_{RVI} + 0.5815V_{HMI} \tag{2.7}$$

$$LSI = 0.4V_{SFI} + 0.4V_{NDVI} + 0.2V_{DVI} \tag{2.8}$$

$$LQI = 0.4V_{PPI} + 0.4V_{LSI} + 0.2V_{LUI} \tag{2.9}$$

(一)耕地压力评价

根据评价模型在 ArcGIS 9.3 软件中计算得到耕地压力评价等级(见图 2.6)以及各级耕地面积(见表 2.6)。

耕地压力指数表示潜在的耕地质量,它的值越高说明耕地的抗压力能力越强,耕地质量就越高;反之,耕地质量就越低。由图 2.6 以及表 2.6 可以看出, PPI 指数得分最高,胁迫压力最小的区域主要分布于中部丘陵地区耕地,少量分布于河谷平原区域。PPI 指数得分最低,耕地胁迫压力最大的区域主要位于西北部山区山谷的耕地以及河谷平原区域和离城镇工矿用地较近的耕地区域,这些区域的分布与 Hg、As 的高风险分布区域大体一致。造成这些区域耕地高胁

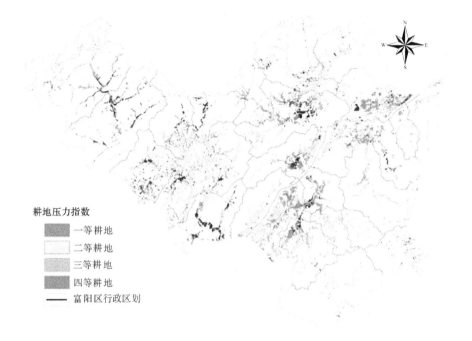

图 2.6　富阳区耕地压力评价等级

迫压力的最主要原因可能是受重金属污染胁迫压力,其次是坡度胁迫压力。从各等耕地面积统计来看,一等耕地(得分>80~95分)和四等耕地(得分>35~65分)面积都较小,二等耕地(得分>70~80分)占到了50%以上,说明富阳区耕地面临的环境压力较小,发生退化的危险性相对较低。在继续保持中部丘陵地区以及部分河谷平原区耕地抗环境压力质量的同时,要特别注意对西北部山区耕地以及城镇工矿区域周围耕地采取改良措施。

(二)耕地状态评价

根据评价模型在 ArcGIS 9.3 软件中计算得到耕地状态评价等级(见图2.7)以及计算出各级耕地面积(见表2.6)。

耕地状态指数(LSI)表示现状耕地质量或者说是本底质量,其值越高说明耕地的本底质量就越高,耕地生产能力就越强。本研究中,耕地状态评价涵盖了土壤、植被、水文三个方面,能够较好概括耕地生产能力的各个方面。

从图2.7可以看出,LSI指数得分最高的耕地主要分布于西北山地区域和部分分布于中部丘陵及河谷平原区域。这主要与这些地区的植被覆盖率较高有一定关系。二等耕地(得分>75~80分)的耕地主要分布于中部丘陵区域,该区

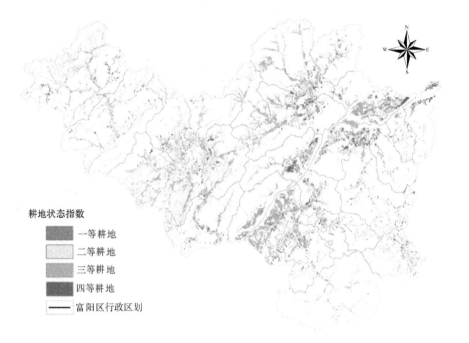

耕地状态指数

■ 一等耕地
□ 二等耕地
▨ 三等耕地
▨ 四等耕地
—— 富阳区行政区划

图 2.7 富阳区耕地状态评价等级

域土壤质量较高以及灌溉条件优越。三等耕地(得分＞60～75 分)大部分分布于河谷平原区域,该区域的灌溉条件十分优越,但土壤质量可能存在缺陷。得分最低(＞20～60 分)的四等耕地主要分布于河谷平原地区的东北部。从耕地状态指数的空间分布来看,现状耕地质量受土壤质量的影响非常大,土壤质量是影响现状耕地质量状况的首要因素。从表 2.6 基于不同耕地质量指数的耕地面积分布中可以看出,研究区耕地以中等耕地为主,其中,二等和三等耕地的面积共占总耕地面积的 76.96％,通过措施改良土壤质量、改善栽种模式等,可发展成为一等耕地;四等耕地面积为 3653.37hm²,占总耕地面积的 13.14％。总体来说,研究区耕地总体现状质量良好,有较强的生产能力。

表 2.6 基于不同耕地质量指数的耕地质量分等结果

等级	耕地压力指数			耕地状态指数		
	分值(分)	面积(hm²)	百分比(％)	分值(分)	面积(hm²)	百分比(％)
一等	＞80～95	2646.63	9.52	＞80～100	2754.27	9.90
二等	＞70～80	15619.59	56.16	＞75～80	11810.70	42.46
三等	＞65～70	6426.54	23.11	＞60～75	9594.63	34.50
四等	＞35～65	3120.21	11.22	＞20～60	3653.37	13.14

（三）耕地质量综合评价

根据评价模型在 ArcGIS 9.3 软件中计算并根据当地情况分级得到耕地质量综合评价结果（见图 2.8）以及各等级的耕地面积和所占比例如表 2.7 所示。

PPI、LSI、LUI 分别从耕地压力、耕地状态以及不同的土地利用类型三个不同的方面描述了耕地质量，将这三个方面的指标综合以后得到的一个综合的耕地质量指数 LQI 代表了研究区耕地总体质量，兼顾了潜在耕地质量、现状耕地质量以及人为耕地利用方式对耕地质量的影响三个方面。

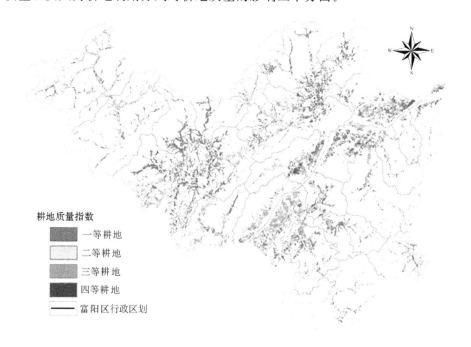

耕地质量指数

■ 一等耕地
□ 二等耕地
▨ 三等耕地
■ 四等耕地
—— 富阳区行政区划

图 2.8 富阳区耕地质量综合评价等级

表 2.7 富阳区耕地质量综合评价分等统计

等级	耕地质量指数		
	分值（分）	面积（hm²）	百分比（%）
一等	＞80～95	6021.99	21.65
二等	＞75～80	9579.15	34.44
三等	＞70～75	6420.33	23.08
四等	＞40～70	5791.5	20.82

从图 2.8 以及表 2.7 可以看到，一等耕地占总耕地面积的 21.65%，主要分

布在中部丘陵区以及河谷平原区,在中部丘陵区相对比较集中。土地利用类型多为灌溉水田,土壤养分比较高,在供水、供肥以及生态环境方面都较优越,生产压力小,是富阳区生产能力最强的区域。针对该区域,应在保持本区域土壤肥力的同时,结合保护生态环境有针对性地改良耕地质量。

二等耕地占总耕地面积的 34.44%,在分布上相对比较分散,相对来说中部丘陵区以及河谷平原区分布较多。二等耕地的总体质量比一等耕地稍差,灌溉保证率和土壤养分含量较高,也是富阳区的主要粮食生产区域。对二等耕地应该从耕地生态环境改善以及土壤肥力改良等方面,通过进一步调节土壤理化性能、补充有机肥施用、防止污染源进入农耕区域等手段使耕地的各个方面得到较大提升,发展成为一等耕地。

三等耕地和四等耕地分布也较分散,在山区以及河谷平原区周边的城镇工矿用地周围分布较多。相对来说,三等和四等耕地在各个方面都较一等和二等耕地差。根据三等和四等耕地的分布区域结合各个指标分布图可以看到,土壤肥力质量差、耕地环境压力大都是造成耕地总体质量差的原因。其中,土壤重金属污染是较为突出的一个问题。这两级耕地的改良利用主要应从增加土壤肥力,改良土壤理化性状,改善土壤健康质量环境,以及防止各种重金属污染等方面着手。

总体来说,等级最高和较高的耕地总和占总耕地面积的 56.09%,超过了总耕地面积的一半;等级最低的耕地只占总耕地面积的 20.82%,说明研究区范围内耕地总体质量良好,在保持现有耕地质量的同时,只有少部分地区的耕地需要按照其不足之处改善耕地质量。

五、小 结

本章基于 P-S-R 模型和 RS 方法对富阳区耕地质量进行了评价。基于 P-S-R 模型构建了评价框架,从耕地压力指数、耕地现状指数以及耕地利用类型指数三个层次构建耕地质量评价指标体系。从 2010 年富阳区 TM 遥感影像中提取比值植被指数、归一化植被指数、差值植被指数指标,分别反映土壤的退化信息、植被状况以及土壤水分状况;从富阳区 DEM 数据中提取坡度信息;利用实地采集得到的土壤样点获取土壤肥力指数以及重金属指数;利用富阳区土地利用现状图获取耕地利用类型图得到耕地利用类型分值图。在 ArcGIS 9.3 软件中,对各个指标分级赋分,并建立评价模型,开展耕地质量评价。研究基于耕地质量评价不同指标对耕地环境压力质量以及耕地现状质量分别进行了评价,得出分等评价结果。本章在耕地质量总体评价中，按照研究区实际情况将富阳区耕地分为四个等级，并针对不同等级简要提出了耕地资源保护的措施建议。

第三节　基于 GIS 的耕地质量评价研究

本节对富阳区耕地质量评价研究采用目前国内常用评价方法，基于 GIS 软件平台，通过建立耕地质量评价数据库，获取耕地质量评价指标体系和模型，根据评价目的和要求，结合富阳区实际情况，从耕地的立地条件、土壤理化性状、基础管理条件等方面对耕地质量进行综合评价。

一、评价单元的确定

耕地质量评价单元是评定耕地质量等级的最基本单元。耕地质量评价就是通过对每个评价单元的评价，确定其质量级别，把评价结果落实到实地，并编制耕地质量等级图（王静宇等，2008），所以评价单元的划分合理与否，直接关系到最后的评价精度。在同一评价单元内，耕地的自然条件、土地的个体属性和经济属性基本一致，而不同评价单元之间则存在差异性和可比性。因此，在划分耕地质量评价单元时应遵循因素差异性、相似性、边界完整性等原则。

目前，耕地质量评价单元的划分尚无统一的方法，常见的方法有：叠置法、网格法、地块法、土地利用详查图斑法等。本研究采用土壤图和土地利用现状图的叠置法，即"土地利用现状类型—土壤类型"确定评价单元，相同的土壤类型和土地利用现状类型组成一个评价单元，其中土壤类型划分到土种，土地利用现状类型划分到二级利用类型，制图区界以最新土地利用现状图为准。最后分析合并较小的评价单元使最小的上图面积大于 $0.25\mathrm{m}^2$，最终获取了 4134 个评价单元。

二、评价指标体系的建立

（一）指标体系建立原则

耕地是一个由气候、土壤、地貌、人为活动等各种因素相互作用的复合系统。参评指标是参与评定耕地质量等级的各个因素，正确地进行参评因素的选取是科学地进行耕地质量评价和保证评价精度的前提。进行耕地质量评价，首先就要确定评价指标体系，应确保指标能尽可能完全反应耕地质量，指标之间相互补充，层次清晰；同时应尽量选用相对指标以保证横向可比性。选取评价指标时应遵循以下几个原则。

(1)科学性原则。指标体系要求能客观反映当地耕地综合质量。如当评价区域很大时气候因素就必须作为评价因素。本次评价研究是以县级区范围作为评价区域,所以气候因素将不作为参评因素。

(2)主导性原则。耕地系统是一个很复杂的系统,体现耕地质量的指标很多,所以需要选出其中具有代表性、对耕地质量有较大影响、起主导作用的指标。

(3)综合性原则。指标体系要反映出各影响因素的主要属性及相互关系,从多方面反映耕地质量情况。

(4)可比性原则。评价指标在空间分布上应具有可比性,数据资料应具有时效性。

(5)可操作性原则。各指标数据应具有可获得性,易于查找、统计。

(二)评价指标的确定

参照《耕地地力调查与质量评价技术规程》(NY/T 1634—2008),评价指标体系包括气象条件、养分状况、理化性状、剖面性状、立地条件、土壤管理等 6 个方面共 64 项指标要求,但是这些指标并不是在任何情况下都适用于所有耕地质量评价。根据研究区特点以及评价目的不同,耕地质量的评价因子也会有所不同。基于上面提到的几个原则,借鉴《耕地地力调查与质量评价技术规程》,采用特尔斐法选择评价指标。依此方法,共确定了立地条件、化学性状、物理性状和土壤管理共 4 大类指标,坡度、地貌条件、有机质、速效钾、全氮、有效磷、有效锰、有效铜、有效锌、阳离子交换量、pH、剖面构型、耕层厚度、耕层质地、灌溉保证率、排涝抗旱能力等 16 个评价指标,形成了适合富阳区的耕地质量评价指标体系(见表2.8)。

表 2.8　富阳区耕地质量评价指标

大类指标	评价指标
立地条件	坡度、地貌条件
化学性状	有机质、速效钾、全氮、有效磷、有效锰、有效铜、有效锌、阳离子交换量、pH
物理性状	剖面构型、耕层厚度、耕层质地
土壤管理	灌溉保证率、排涝抗旱能力

三、评价指标权重的确定

本研究评价指标权重的确定仍采用上文提到的层次分析法（AHP）。根据已确定的耕地质量评价指标体系建立层次结构，目标层为耕地质量（A 层），立地条件、化学性状、物理性状、土壤管理为准则层（B 层），各个评价指标作为指标层（C 层）。根据专家经验，构造 5 个判断矩阵。通过判断矩阵一致性比例检验后得到各个指标的权重，如表 2.9 所示。

表 2.9　富阳区耕地质量评价指标权重

指标	坡度	地貌条件	有机质	速效钾	全氮	有效磷	有效锰	有效铜
权重	0.0911	0.0182	0.1014	0.1014	0.0898	0.0541	0.0541	0.0541

指标	有效锌	阳离子交换量	pH	剖面构型	耕层厚度	耕层质地	灌溉保证率	排涝抗旱能力
权重	0.0541	0.0336	0.0298	0.0836	0.0418	0.0836	0.0729	0.0365

四、模糊综合评价模型的建立

（一）评价指标的标准量化

由于各个单项参评因子之间的数据量纲不同，只有让每一个因素都处于同一量纲以后才能来衡量该因子对耕地质量的影响程度。耕地系统是一个复杂的灰色系统，影响耕地质量的各要素与耕地生产能力之间关系十分复杂，评价中各因子对耕地质量的影响程度是一个模糊的概念。因此，在评价中引入了模糊数学方法，通过建立模糊综合评价模型来进行耕地质量等级的确定。

研究中对于可定量化的数据类型采用模糊数学方法（Lowen，1998）。利用特尔斐法来确定各参评指标的隶属度函数，计算隶属度值。确定对有机质、有效磷、速效钾、全氮、阳离子交换量、耕层厚度、有效铜、有效锌、有效锰、坡度等指标建立 S 型隶属度函数，对 pH 建立抛物线型隶属度函数。通过借鉴前人的研究成果，为简便计算，把曲线函数转化为相应的折线以利计算（孙波，1995；吕新等，2004）。

（1）对有机质、有效磷、速效钾、全氮、阳离子交换量、耕层厚度建立如下隶属度函数：

$$f(x) = \begin{cases} 1.0, & x \geqslant x_2, \\ 0.9(x-x_1)/(x_2-x_1), & x_1 \leqslant x < x_2, \\ 0.1, & x < x_1 \end{cases} \quad (2.10)$$

（2）对有效铜、有效锌、有效锰建立如下隶属度函数：

$$f(x) = \begin{cases} 1.0, & x \geqslant x_2, \\ (x-x_1)/(x_2-x_1), & x_1 \leqslant x < x_2, \\ 0, & x < x_1 \end{cases} \quad (2.11)$$

（3）对坡度建立如下隶属度函数：

$$f(x) = \begin{cases} 1.0, & x \leqslant x_1, \\ 0.9(x-x_1)/(x_2-x_1)+1.0, & x_1 < x \leqslant x_2, \\ 0.1, & x > x_2 \end{cases} \quad (2.12)$$

（4）对 pH 建立如下隶属度函数：

$$f(x) = \begin{cases} -0.9(x-x_4)/(x_4-x_3)+0.1, & x_3 < x \leqslant x_4, \\ 1.0, & x_2 < x \leqslant x_3, \\ 0.9(x-x_1)/(x_2-x_1)+0.1, & x_1 \leqslant x \leqslant x_2, \\ 0.1, & x < x_1 \text{ 或 } x > x_4 \end{cases} \quad (2.13)$$

由于单项指标因土壤和作物类型的不同而差异较大，因此，在综合前人研究成果以及当地作物的生产实际情况后，利用特尔斐法确定折线中转折点的相应取值（见表 2.10 和表 2.11）。

表 2.10 S 型隶属度函数折线转折点取值

转折点	有机质(%)	有效磷(mg/kg)	速效钾(mg/kg)	全氮(%)	阳离子交换量(cmol/kg)	有效铜(mg/kg)	有效锌(mg/kg)	有效锰(mg/kg)	耕层厚度(cm)	坡度(°)
x_1	1	5	50	0.1	5	0.4	1	5	10	1
x_2	4	60	200	0.25	20	6	20	100	20	15

表 2.11 抛物线型隶属度函数折线转折点取值

转折点	pH
x_1	5.0
x_2	6.0
x_3	6.5
x_4	8.5

对于灌溉保证率、排涝抗旱能力、地貌类型、剖面构型、耕层质地等概念型因素，通过考量其对耕地质量的影响程度，采用专家打分法确定其隶属度(见表2.12)。

表 2.12　概念型评价指标的隶属度

概念型因素		隶属度
灌溉保证率	80%	1.0
	60%	0.8
	50%	0.4
	30%	0.2
排涝抗旱能力	保排	1.0
	能排	0.8
	可排	0.6
	不需	0.5
	溃涝	0.2
地貌类型	平原	1.0
	盆地	0.7
	丘陵	0.4
	低山地	0.2
剖面构型	中壤均质	1.0
	黏质壤心	0.8
	黏均质	0.7
	砂质黏心	0.6
耕层质地	中壤	1.0
	轻壤	0.8
	重壤	0.7
	砂壤	0.5
	砂土	0.4

(二)耕地质量综合指数的计算

采用加权指数和法来确定耕地质量综合指数，其公式为：

$$IQI = \sum F_i \times C_i \tag{2.14}$$

式中,IQI(integrated quality index)为耕地质量综合指数;F_i 为第 i 个指标的隶属度;C_i 为第 i 个指标的权重。

(三)耕地质量等级的划定

根据全国耕地类型区、耕地地力等级划分标准,并结合富阳区实际情况,在综合分析后,将富阳区耕地划分为 4 个等级,如表 2.13 所示。

表 2.13 富阳区耕地质量等级综合指数

耕地质量综合指数	耕地质量等级
＞0.65	一等
0.60～0.65	二等
0.55～＜0.60	三等
＜0.55	四等

五、评价结果分析

以耕地质量评价单元为基础,根据各单元的耕地质量评价等级结果,得到如图 2.9 所示的耕地质量评价图。通过对各等级耕地面积进行统计,得到表 2.14。

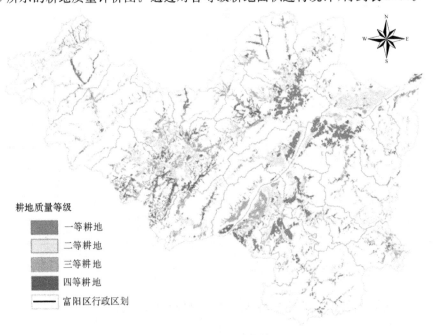

图 2.9 富阳区耕地质量评价等级

表 2.14　富阳区耕地质量评价结果面积统计

耕地质量等级	一等	二等	三等	四等	合计
面积(hm²)	4371.13	8239.73	8919.72	6308.01	27838.60
比例(%)	15.70	29.60	32.04	22.66	100.00

　　分析耕地质量评价图(见图 2.9)以及评价结果的面积统计表(见表 2.14)得到,一等耕地(最好)占总耕地面积的 15.70%,主要分布于中部丘陵及河谷平原区。大部分一等耕地排水能力和灌溉能力强,土层深厚,地势平坦,土壤养分含量也较高。从表 2.15 可看出,一等耕地各个指标养分含量均最高,pH 呈酸性最弱。二等耕地和三等耕地面积分别占总耕地面积的 29.60%和 32.04%,在空间分布上分布很广,较分散。这两个等级的耕地土层较厚,地势也较平坦,排水和灌溉能力都较强。各个养分指标含量也都较一等耕地稍低。四等耕地面积占总耕地面积的 22.66%,主要分布于山区,少量分布于河谷平原区周边。相对地,四等耕地的各项条件都较一、二、三等耕地差,排水、灌溉能力较差,地势高低起伏较大,各个指标养分含量也是最低的。

　　从耕地等级的空间分布和各等级耕地的养分条件来看,等级的高低与地貌类型以及土壤类型有密切的关系,呈现出一定的地域规律,从富阳区中部河谷平原区域到周边山区耕地等级逐渐升高。从土壤养分含量上来看,各土壤养分含量呈现随着耕地等级升高而降低的规律。

表 2.15　富阳区各等级耕地主要土壤养分含量统计分析

等级	含量平均值								
	有机质 (%)	速效钾 (mg/kg)	全氮 (%)	有效磷 (mg/kg)	有效锰 (mg/kg)	有效铜 (mg/kg)	有效锌 (mg/kg)	阳离子交换量 (cmol/kg)	pH
一等	3.6	117.9	0.22	26.8	42.6	2.8	8.1	12.3	5.9
二等	3.3	107.4	0.20	25.1	35.9	2.4	7.0	11.4	5.8
三等	3.2	92.9	0.19	25.2	31.8	2.1	6.3	10.9	5.7
四等	2.8	84.0	0.16	22.7	27.7	1.7	5.8	10.2	5.4

六、小　结

　　本章基于 GIS 方法通过划分评价单元,建立评价指标体系和评价模型对富阳区耕地质量进行了评价。从立地条件、化学性状、物理性状和土壤管理 4 大类指标出发,确立了坡度、地貌条件、有机质、速效钾、全氮、有效磷、有效锰、有效铜、有效锌、阳离子交换量、pH、剖面构型、耕层厚度、耕层质地、灌溉保证率、排涝抗旱能力 16 个评价指标;通过建立隶属度函数,确定隶属度,对各个指标进行标准化处理,最后利用加权指数和法计算耕地质量综合指数,并将富阳区耕地划分为四个等级。

第四节　两种方法的评价结果比较

一、评价结果比较

通过分析基于上文两种方法的耕地质量评价结果,并以基于 GIS 技术的评价结果为基准,发现基于 P-S-R 模型和 RS 技术的评价结果具有较高的精度。虽然在评价过程中的主观因素、数据误差等原因,使部分评价结果不十分吻合,但总体来说,评价精度较高。由评价结果图 2.8、图 2.9 可看出,两次评价结果的各级耕地空间分布大体一致。一等耕地主要分布在中部丘陵区以及河谷平原区,行政区域范围主要是新登镇;二等耕地除了部分分布于中部丘陵区以及河谷平原区外,在西北山区以及富阳东南部也有分布,在行政区划范围上主要是在富春街道、东洲街道以及场口镇分布较多;三等耕地分布较分散,在山地区域以及平原地区都有分布,在行政区划上,主要分布于富阳区北部高桥镇,西部洞桥镇、胥口镇、南部场口镇、常安镇以及东部湖源镇;四等耕地主要分布于富阳东部地区,主要是渔山乡、里山镇、灵桥镇、常绿镇、湖源镇、上官乡、龙门镇、环山乡等。

总体来说,基于 P-S-R 模型和 RS 技术的耕地质量评价与基于 GIS 的耕地质量评价方法所得结果趋势基本一致。因此,利用 P-S-R 和 RS 技术选取评价指标、建立评价模型进行耕地质量评价有较好的可行性。

二、评价方法比较

(一)评价单元划分的差异

本文中在进行基于 RS 技术的耕地质量评价时,选用了多光谱 TM 遥感影像提取部分评价指标,影像空间分辨率为 30m,直接以栅格单元作为评价单元,所以其他部分指标在进行空间插值时将栅格单元设为 30m 空间分辨率,以达到评价单元的统一。之后通过各个指标图层的空间叠加运算得到各栅格单元的赋分值。

在基于 GIS 进行耕地质量评价时,采用土壤图和土地利用现状图的叠置法划分评价单元,对每个评价单元赋予相同的属性,最后经过空间运算得到各评价单元的综合评价分值,并划分等级。而在实际情况中,空间上每个点的属性都是不同的,不论是将评价单元设为栅格单元,还是由相同土壤单元和土地利用类型组成的封闭单元,对评价结果都会带来误差。但是基于遥感方法,将评价单元落实到每个栅格单元,评价的空间精度要高于 GIS 技术所支持的耕地质量评价精度,特别是当选取具有较高空间分辨率的遥感影像时,基于 RS 技术的方法所体现的优越性就越强。

(二)评价指标体系选取的差异

基于 P-S-R 模型和 RS 技术建立的评价指标体系主要从压力、状态、响应三个方面考虑,能较全面反映耕地质量。从 TM 影像中直接提取主要评价因子,再以部分实地样点数据为补充。

基于 GIS 技术的耕地质量评价构建的指标体系从立地条件、化学性状、物理性状、土壤管理四个方面考虑选取具体指标,指标体系也较全面。相对而言,这种指标的获取需要完全依赖于人工野外采样和实验室分析,需要耗费大量的人力、财力、物力,而且如果设计的采样点在数量、分布或典型性方面不具有全局代表性,就不能保证调查结果和数字化制图推理结果的准确性和完整性。因此,这种以野外采样、室内实验室分析为主的获取评价指标的方法,较难满足耕地保护和监管工作中对大量、实时、高精耕地信息的迫切需求。而飞速发展的遥感技术,为野外快速准确获取耕地面积和空间信息和土壤理化参数提供了手段,基于 RS 影像数据提取评价因子省时省力,快速简便,而且中间环节少、客观、准确,再加上部分实地采样数据的补充,能较全面反映耕地质量。而且随着更多载有先进传感器的地球资源卫星的发射升空和更高空间分辨率的遥感数据面世,这种方法将会成为耕地质量评价中评价指标获取的主流方法。

(三)评价模型建立的差异

基于 P-S-R 模型和 RS 技术的评价方法对各个指标的标准化采用线型内插方法进行分段赋值,耕地信息的提取是利用矢量耕地信息对栅格图实现的,最后在 ArcGIS 的建模工具中建立数学模型,将各个评价指标图层进行空间叠加运算,得到每个栅格单元分值,最后划分等级。

基于 GIS 技术的传统评价模型也是在 ArcGIS 软件中完成,运用模糊评价法对各参评因子建立隶属度函数赋予隶属度,然后将各个评价因子图层进行空间运算,以得到各个评价单元的分值,划分耕地等级的。基于这两种方法建立的评价模型都受较多因素影响,在相关信息的获取时存在较大的主观性。特别是在进行基于 GIS 的传统耕地质量评价时涉及的因子较多,受人为因素的主观性影响更大。因此,相对来说,基于 P-S-R 模型和 RS 技术建立的评价模型更为客观。

三、小 结

通过上述比较分析,将 RS 数据和技术运用于耕地质量评价具有较大的优越性,直接提取评价因子,不仅可以省时、省力、省钱,还可以获取较为客观的数据,减少误差。再加入部分实地调查样点数据,能够较全面反映耕地质量状况。在评价过程中,融入 GIS 强大的分析功能,解决了遥感软件空间分析功能不够强大的问题。由此可见,将 RS 技术与 GIS 技术结合应用于耕地质量评价中,具有较大的优越性和重要的意义。

参考文献

陈惠芳,李艳,吴豪翔,等,2013. 富阳市不同类型农田土壤重金属变异特征及风险评价[J]. 生态与农村环境学报,2013,29(2):164-169.

程晋南,赵庚星,张子雪,等,2009. 基于 GIS 的小尺度耕地质量综合评价研究——以山东省丁庄镇为例[J]. 自然资源学报,24(3):536-544.

方斌,吴次芳,吕军,2006. 耕地质量多功能技术评价指标研究——以平湖市为例[J]. 水土保持学报,20(1):177-180.

方琳娜,宋金平,2008. 基于 SPOT 多光谱影像的耕地质量评价——以山东省即墨市为例[J]. 地理科学进展,27(5):71-78.

傅伯杰,1990. 土地评价研究的回顾与展望[J]. 自然资源(3):61-70.

李辉霞,刘淑珍,2003. 基于 NDVI 的西藏自治区草地退化评价模型[J]. 山地学报,21:69-71.

李桂林,陈杰,孙志英,等,2007. 基于土壤特征和土地利用变化的土壤质量评价最小数据集确定[J]. 生态学报,27(7):2715-2724.

廖桂堂,李廷轩,王永东,等,2007. 基于 GIS 和地统计学的低山茶园土壤肥力质量评价[J]. 生态学报,27(5):1978-1986.

吕新,寇金梅,李宏伟,2004. 模糊评判方法在土壤肥力综合评价中的应用[J]. 干旱地区农业研究,22(3):56-59.

聂艳,周勇,于婧,等,2005. 基于 GIS 和模糊物元贴近度聚类分析模型的耕地质量评价[J]. 土壤学报,42(4):551-558.

孙波,张桃林,赵其国,1995. 我国东南丘陵山区土壤肥力的综合评价[J]. 土壤学报,32(4):362-369.

孙希华,2004. 基于 GIS 和 RS 的章丘市农业自然资源质量综合评价[J]. 山东师范大学学报

（自然科学版），19(1):48-50.

王玲，2011. 基于 GIS 和 RS 的干旱区绿洲耕地质量评价方法及应用研究[D]. 石河子:石河子大学.

王静宇,袁希平,甘淑,2008. 基于 GIS 技术的县域耕地地力评价——以云南省寻甸县为例[J]. 昆明理工大学学报,33(3):1-6.

吴群,2002. 农用地质量等级划分依据及基本思路[J]. 南京农业大学学报,2(1):38-42.

张韬,王炜,安慧君,2003. 遥感信息在土地资源等级划分与质量评价中的应用[J]. 干旱区资源与环境,17(6):60-65.

赵建军,张洪岩,王野乔,等,2001. 基于 AHP 和 GIS 的省级耕地质量评价研究——以吉林省为例[J]. 土壤通报,43(1):70-75.

周勇,张海涛,汪善勤,等,2001. 江汉平原后湖地区土壤肥力综合评价方法及其应用[J]. 水土保持学报,15(4):70-74.

竹内章司,1998. 由卫星图像的植被指数推算像元内的植物覆盖度——比值法与规一化差法的比较[J]. 王家圣,译. 环境遥感(4):41.

庄锁法,2000. 基于层次分析法的综合评价模型[J]. 合肥工业大学学报(自然科学版),23(4):582-590.

Acton D F, Gregorich L J, 1995. Executive summary of the health of our soils toward sustainable agriculture in Canada[J]. Agriculture and Agri-Food Canada,138.

Andrew C S,Capelle G A,John A D B,et al.,2003. Comparison of two hyperspectral imaging and twol aser-induced fluorescence instruments for the detection of zinc stress and chlorophyll concentration in bahia grass (Paspalum notatum Flugge)[J]. Remote Sensing of Environment,84(10):572-588.

Dumanski J,Pieri C,2000. Land quality indicators: Research plan[J]. Agriculture,Ecosystem and Environment,81:93-102.

Dunagan S C, Gilmore M S, Varekamp J C, 2007. Effects of mercury on visible/near-infrared reflectance spectra of mustard spinach plants[J]. Environmental Pollution,148(1):301-311.

Lesley A L,Dupigny G,2007. Using AirMISR data to explore moisture-driven land use-land cover variations at the Howland Forest, Maine: A case study[J]. Remote Sensing of Environment,107:376-384.

Liu Y S,Zhang Y Y,Guo L Y,2010. Towards realistic assessment of cultivated land quality in an ecologically fragile environment: A satellite imagery-based approach [J]. Applied Geography(30):271-281.

Nisar T R,Ahaned K,Rao G, et al.,2000. GIS-based fuzzy membership model for crop-land suitability analysis[J]. Agricultural Systems,63:75-95.

Ochola W O,Kerkides P,2004. An integrated indicator-based spatial decision support system for land quality assessment in Kenya[J]. Computers and Electronics in Agriculture,45:3-26.

第三章 耕地土壤肥力制图

第一节 数字土壤制图方法及国内外研究进展

数字土壤制图以土壤—景观模型理论为基础,通过地理信息系统、遥感、空间分析等技术手段来获取土壤发生环境信息,采用统计学、地统计学等其他数字定量方法来模拟土壤与其发生环境信息之间的定量关系,并在空间上扩展该关系,达到制图目的(Scull et al.,2003)。数字化土壤图以及从中衍生的信息系统,可以提供高精度、高分辨率的土壤类型和土壤属性等信息,进而服务于现代农业生产实践和资源环境管理决策。数字土壤制图已成为当前国内外土壤科学的研究热点。

传统制图程序一般分为野外土壤草图测绘、室内底图清绘、图面整饰三个步骤,因其耗时久、耗费人力物力、精度有限等缺点,逐渐被淘汰。取而代之的数字化土壤制图,具有成本低廉、记载性强、更新快、效率高、精度高、制图美观等优点,已经成为土壤制图的主要方法(Carré et al.,2007)。2009 年,"全球土壤数字制图计划"在美国正式启动,该计划通过综合利用土壤学、地理学、遥感技术、地理信息系统、数据挖掘等多种理论和方法,最后建立具有高分辨率的全球土壤属性的三维网格数字土壤地图(蔡玉高,2011)。国内外学者对数字化土壤制图做了大量扩展研究,试图寻找数字化土壤制图精度较高、制图效果较好的方法,其中地统计学、决策树、模糊聚类等方法都得到讨论验证,但是目前仍没有得到普遍认可的数字制图方法。

国内数字化土壤制图研究起步较晚,目前出现的方法主要有地统计法、模糊聚类、决策树、支持向量机、线性回归模型以及上述方法的组合等。孙孝林等

(2013)总结出数字化土壤制图五种理论基础:土壤发生学理论、地理学、数学,以及土壤学与地理学、地理学与数学,并对每种理论基础出现的模型、所需样本要求进行系统归纳,有效丰富了土壤数字制图的理论基础。

一、地统计学

地统计学是利用原始数据和半方差函数的结构性特征,对未采样点的区域化变量进行无偏最优估计,它以地理学为理论基础,认为空间上任何事物都与其他事物相关,且其相关性与距离有关,是在国内数字化土壤制图方面得到广泛研究的方法。地统计学由南非地质学家 D. G. Krige 于 1951 年在寻找金矿时提出,法国著名统计学家 G. Matheron 将该方法理论化、系统化。近年来,国内学者开始将地理信息系统与地统计学结合起来,如刘付程等(2004)利用 GIS 与地统计学方法,对太湖地区土壤全氮进行数字制图研究。连纲等(2009)考虑环境因子与土壤属性的关系,利用回归克里格预测土壤属性空间分布。郭澎涛等(2009)为探讨局部尺度上地形因子与土壤特性之间的关系,选取多元线性回归、普通克里格和回归克里格三种方法对土壤特性的空间分布做出预测。张素梅等(2010)选择地形因子和遥感植被指数,应用回归克里格法,预测研究区土壤有机质和全氮的空间分布,发现回归克里格是一种有效的空间预测制图方法。国外最早在土壤制图领域使用此方法的是 Burgess 等(1980)。普通克里格只考虑样本本身数据信息,不需要其他辅助信息,而协同克里格加入其他辅助变量,预测精度更高。Wu 等(2009)用协同克里格方法,借助 Landsat ETM 遥感影像信息预测土壤有机质含量。Odeha 等(1994)利用地形等环境信息作为辅助变量,发现普通克里格由于缺少相关辅助变量其精度低于协同克里格,当回归克里格借助于地形等信息时,精度会高于协同克里格。回归克里格是将回归模型的残差项作为区域化变量进行插值,然后与回归模型的预测值相加。Dobos 等(2006)利用处理过的 DEM 数据和 MODIS 数据,采用回归克里格方法对匈牙利土壤有机质进行预测。Sumfleth 等(2008)同样利用地形和遥感数据对水稻土的全碳、全氮、表层土厚度、黏粒、砂粒等土壤属性分布进行了预测,取得了很好的预测结果。

二、决策树

决策树将所有数据逐级划分为不同的子集,寻找不同的临界值划分数据,从而形成一个决策树模型,可以对离散土壤类型和连续土壤属性进行空间预测。国外的 Elnaggar 等(2010)探究大区域范围内决策树使用对土壤盐分含量预测的精度影响,基于最大似然法监督分类遥感图像得到的盐分土壤精度较低(60%),该研究利用决策树有效提高了分类精度。Liess等(2009)利用决策树对热带高山森林区域土壤类型进行分类。Bou等(2010)基于不同的数据信息建立决策树对丹麦水田土壤有机碳进行预测,结果表明以下三种决策树的预测精度最好:基于全部数据信息的决策树;基于成土母质、土壤类型、景观类型的决策树;基于成土母质、土壤类型、景观类型、海拔、坡度和土壤颜色指数的决策树。国内学者王良杰(2009)运用决策树模型提取土壤类型与地形因子之间的关系,预测非采样点空间的土壤类型。刘超等(2011)对比分析了支持向量机、决策树、模糊逻辑三种土壤数字制图方法,发现决策树方法对未知环境因子的组合预测具有不确定性,生成的土壤图斑块相对破碎,而决策树与模糊逻辑相结合的制图方法更有优势。周银(2011)利用地形、土地利用现状、遥感数据等环境变量,以C 4.5算法(决策树的一种算法)建立决策树模型分别对丘陵和平原地区土壤有机质预测制图,对研究区土壤类型数字制图,并与地统计法插值结果比较,发现决策树制图精度更高。周斌等(2004)从已有的土壤图、土地利用现状图、DEM等数据中生成决策树的算法规则,对研究区土壤类型进行分类。

三、线性模型

线性模型通过建立土壤属性与环境因子或者其他土壤属性之间的统计关系,进而确立整个研究区模型,预测土壤属性分布——主要分为普通线性模型(多元线性回归模型)、广义线性模型、广义附加模型。普通线性模型要求各环境因子独立且呈正态分布,Moore等(1993)尝试分析地形与土壤属性之间的关系,采用线性回归模型预测土壤有机质含量、表层土厚度、pH值、吸收性磷等的分布。Cheng等(2004)发现土壤有机质与坡度关系密切($r=0.66$),并利用普通线性模型结合DEM数据预测中国亚热带地区土壤有机质分布。广义线性模型弥补了普通线性模型数据必须正态分布的缺点,Park等(2002)通过主成分分析法选取受环境变量影响的五个土壤属性,分别用人工神经网络、回归树模型和广义回归模型对土壤属性进行预测,结果显示广义回归模型明显优于其他两种方法。广义附加模型进一步对前者补充,利用非参数平滑函数表达GLMs无法表达的非线性关系,Bishop等(2001)对比多种不同方法对土壤阳离子交换量(CEC)预测,通过地形属性、表土颜色航片、TM遥感影像、作物产量和表土导电率等信息,发现带外部偏移的克里格、多元线性回归模型和广义附加模型与导电率或表土颜色航片信息结合时的预测精度最好。

四、人工神经网络

人工神经网络是通过自身的数据训练,建立数据分类组合的规则,并通过训练数据对规则运用调整,最终对全部数据分类的方法。模型中的神经元通过与带有数据的连接器联系,模型由一系列通过权重连接的简单函数组成,它通过不断调整或者训练,实现给定一个输入会有相应的输出(Gershenfeld,1999)。Chang 等(2000)利用多时相遥感光温影像和土壤水分图建立两个人工神经网络模型,验证了此方法预测土壤有机质的可行性。Malone 等(2009)将等面积样条深度函数与数字土壤制图技术相结合预测土壤水平、垂直方向碳储量和有效水含量,并利用 DEM、射线放射数据和 Landsat 遥感影像构建人工神经网络模型。

五、模糊聚类

模糊聚类包括模糊 c 均值聚类、K 聚类等,大多数为非监督分类方法,其中模糊 c 均值聚类可以实现对数据的最优分割。该方法主要利用统计进行分析计算,确定数据点到其所属类别中心点的距离最近,并得到相应的隶属度,利用隶属度函数预测未知土壤属性(Bezdek et al.,1984)。杨琳等(2009)采用模糊 c 均值聚类方法对环境因子进行模糊聚类,提取出土壤—环境关系知识,并利用所得知识进行土壤制图。孙孝林等(2008)探究土壤有机质制图中模糊聚类参数的选择,通过不同方法的对比发现,用内部判据选择的分类结果制图精度较高。赵量等(2007)对 DEM 中的地形特征进行模糊 c 均值聚类,提取土壤属性与地形因子的定量隶属度关系,制作研究区土层厚度连续分布图,可能成为制作大比例尺土壤详图的好办法。

六、其他方法

除上述五种方法外,还有高精度曲面模型、遗传算法、专家知识模型在数字土壤制图研究中得到使用。Zhu 等(2010)探讨了三种运用土壤模糊关系值预测土壤属性空间变化,结果发现权重平均法与最大模糊关系结合的方法有明显优势。Ahmad 等(2010)基于遥感数据对比支持向量机模型、多元线性回归模型和人工神经网络对土壤水分的预测效果,得到支持向量机模型具有更好的预测精度。高精度曲面模型(high accuracy surface modeling,HASM),是近年来土壤属性空间插值出现的一种方法,Shi 等(2009)采用此方法对土壤 pH 值进行插值研究,其预测精度高于克里格、IDW 和样条函数插值。Nelson 等(2009)对比了遗传算法(genetic algorithm)和决策树在土壤类型制图的效果,发现在研究区相同环境辅助变量的情况下遗传算法预测效果更好。

经过近20年的发展,数字土壤制图技术逐渐被广泛接受,正逐步走向应用阶段,它未来所面临的挑战主要包括提高制图分辨率和扩大制图范围两个方面。为了应对挑战,需从以下几个方面入手(孙孝林等,2013)。

第一,利用3S及其他数据获取技术获取土壤及其发生环境数据,建立数字土壤制图专用空间基础数据库;

第二,将数字土壤制图与已有的数字土壤制图相融合,以提高制图效率、降低制图成本,同时利用已有土壤调查知识完善数字土壤制图数据库;

第三,发展土壤空间推理系统以处理不同尺度下的土壤空间变异,这是由于随着分辨率以及制图面积的增加,土壤的空间差异会变大;

第四,由于当前人类活动对土壤的变化有显著的影响,使得时间因素在数字土壤制图过程中变得不可忽视,需对如何利用时间因素制图进行研究。

第二节　耕地土壤肥力单项指标制图

一、基于地统计学的耕地土壤肥力单项指标制图

(一)理论基础

地统计学是以区域化变量为理论基础,以半方差函数为主要工具,研究自然现象在空间分布上相关性、随机性和结构性的科学,其理论基础为区域化变量和半方差函数(王政权,1999)。

区域化变量是指与空间位置和分布相关的变量,即变量 $Z(x)$ 随空间位置 x 的变化而变化,一般用来描述自然对象某属性空间分布的结构性和随机性。它有两个最基本的假设,即平稳假设和本征假设。它要求所有随机误差均值为0,任意两个随机误差的协方差不是根据其位置而是由彼此之间的距离和方向确定的(李艳等,2003)。

半方差函数主要用来描述土壤空间的随机性和结构性特征,其主要参数为块金系数、基台值和变程,其中块金系数表示由随机变量带来的空间差异,一般是观测误差;基台值表示观测量在研究范围内总的空间变异强度;变程内的数据具有相关性,且随距离增大而减小,变程外不再具有相关性(谭万能等,2005)。

半方差函数的理论拟合模型主要有线性模型、圆形模型、球状模型、指数模型、高斯模型和套合模型等。半方差函数的计算公式为

$$\gamma(h) = \frac{1}{2N(h)} \sum_{i=1}^{N(h)} \left[Z(x_i) - Z(x_i + h) \right]^2 \tag{3.1}$$

式中，$\gamma(h)$ 为所有空间相距 h 的点对的平均方差；$N(h)$ 是在空间上具有相同间隔距离 h 的离散点对数目；$Z(x_i)$ 和 $Z(x_i + h)$ 分别为点 x_i 和与 x_i 相距 h 的点的某一属性或因子的观测值。

克里格法（Kriging）实质上是利用区域化变量的原始数据和半方差函数的结构特点，对未采样点的区域化变量的取值进行线性无偏最优估计的一种方法（王政权，1999）。克里格法不仅考虑样点数据，还考虑相邻样点数据，同时顾及各样点间的位置关系，结合样点数据分布的结构特征，对未观测样点插值估计，最常用的普通克里格法的公式为

$$Z(x_0) = \sum_{i=1}^{n} \lambda_i Z(x_i) \tag{3.2}$$

式中，$Z(x_0)$ 是待估点 x_0 处的估计值；$Z(x_i)$ 是实测值；λ_i 是分配给每个实测值的权重且 $\sum \lambda_i = 1$。n 是参与 x_0 点估值的实测值的数目。

目前，克里格法主要有以下几种类型：普通克里格（ordinary Kriging）、协同克里格（Co-Kriging）、简单克里格（simple Kriging）、泛克里格（universal Kriging）、析取克里格（disjunctive Kriging）、指示克里格（indicator Kriging）等。不同方法适用于不同条件，如若数据存在主导趋势时，选用泛克里格；普通克里格适用于数据的期望值未知的情况；当同一事物的两种属性存在相关关系，希望借助其中某一属性获取另一种不易获取的属性时，可选用协同克里格法。

(二)研究方法

1. 描述统计分析

描述统计量来表述原始数据的集中程度、离散情况和分布状况，通过这些统计量，获得对数据的总体认识，描述统计分析是后续数据处理和分析的基础和前提。

本文所选取的描述统计量主要包括最小值、最大值、中位数、平均值、标准差、变异系数、偏度和峰度等，其中，中位数、平均值反映数据分布集中性或中心趋势；最大值、最小值、标准差反映数据离散性；峰度和偏度反映数据分布是否对称和峰度高低，从而考虑是否近似服从正态分布（王政权，1999）。利用 SPSS

Statistics 19 软件对各指标数据集进行统计,得到各指标的描述统计结果。

标准差用来对比同一单位情况下数据的离散程度,变异系数可比较不同单位数据相对变异程度大小,计算式为

$$变异系数 = \frac{标准差}{平均值} \times 100\% \tag{3.3}$$

偏度(skewness)是对采样数据分布不对称性的度量,用 S_k 表示,偏度有右偏和左偏之分:当样点频数左右对称时,$S_k = 0$;若右偏,则较小的数据较多,此时 $S_k > 0$,且 S_k 越大说明右偏的程度越高;若左偏,则较大的数据多,$S_k < 0$,且 S_k 绝对值越大说明其左偏的程度越高。峰度(kurtosis)是对样点数据分布陡峭程度的度量,峰度值越大,则图像越陡峭;峰度值越小,则图像越平坦;当峰度为 0 时,图像服从正态分布。

2. 异常值检查

异常值是采样数据中出现概率很小的值,为提高采样数据的精度,避免异常值的干扰,需要事先对其检查并处理。检查异常值的方法主要有四倍法、格拉布斯法、t 检验法、平均值加标准差法等,在 ArcGIS 软件中也有检查异常值的方法,本文选取平均值加标准差法(3S 法)。

3S 法是平均值加标准差法的一种,即正常数据的上下限等于数据的平均值加 3 倍标准差,采用 99.73% 的置信范围,对超出上下限范围的数据予以检查处理。

3. 正态分布检验及转换

样本数据符合正态分布是能够对数据进行克里格插值的前提条件。若数据不符合正态分布,则需要变换原始数据,使之符合正态分布,才能进行半方差函数分析及克里格插值。

正态分布检验方法有很多,可分为定性方法和定量方法两类。定性方法主要有直方图法、P-P 正态分布概率图、Q-Q 正态分布概率图检验。直方图法只能初步判断元素含量的分布类型;数据符合正态分布时,Q-Q 图和 P-P 图各点近似成一条直线。定量方法主要有偏度峰度联合检验法、Shapiro-Wilk 检验(简称 S-W 检验)、χ^2 检验、Kolmogorov-Smirnov 检验(简称 K-S 检验)等。

数据转换一般有对数转换、平方根转换、反正弦转换、logit 转换、标准化秩转换和箱式定向转换(Box-Cox transformation)等,本文用到的转换方法主要有对数转换、平方根转换和箱式定向转换三种。

本文利用 SPSS Statistics 19 软件进行数据检验和转换,首先定性分析样点数据,分析各指标数据的直方图和 P-P 图,了解数据基本分布情况;然后用 K-S 检验对各指标分布进行检验,当检验指标数据显著性水平大于 0.05 时符合近似正态分布;最后对不符合正态分布的数据转换并再次验证。

4. 地统计学方法

土壤作为自然历史综合体,受气候、地形地貌、成土母质、生物等因素长期作用影响,具有明显的时空变异性(Jenny,1941)。描述统计分析只能描述数据的总体特征,无法概括数据空间变异的结构性和随机性。耕地肥力指标变异性表现为在空间上连续变化,空间越相近的点其相关性越大,指标值越相近。因此,需要利用地统计分析工具对上述各肥力指标进行空间相关性分析。本文采用 GS+软件建立半方差函数,对各向同性半方差函数进行分析,对比 GS+软件中生成半方差函数模型,根据决定系数 R^2 和残差平方和 RSS 选择最优拟合模型。

普通克里格(ordinary Kriging)是区域化变量的线性估计,它假设数据为正态分布,认为区域化变量的期望值未知,插值过程类似于加权滑动平均,权重大小来自于空间数据分析。本章采用普通克里格法对各指标进行空间插值,主要实现工具为 ArcGIS 9.3。

(三)精度检验

为检验普通克里格预测精度,选取全部样点的 80% 预测制图,其余 20% 用于精度检验。基于 ArcGIS 9.3 在研究区内对土壤各肥力指标空间插值预测,提取出检验点位置上的预测值,并与实测值进行比较,以评价普通克里格插值法的预测效果。评价指标主要有平均绝对误差(mean absolute error,MAE)、均方根误差(root mean squared error,RMSE)和一致性系数(agreement coefficient,AC)(Zhu et al.,2010)。

MAE 表示预测值与观测值之间的恒定差,一般代表系统偏差,MAE 越小,预测精度越高,其计算公式如下:

$$\text{MAE} = \sum_{i=1}^{n} \frac{|V'_{ij} - V_{ij}|}{n} \qquad (3.4)$$

式中,V'_{ij} 为样点的预测值;V_{ij} 为该点野外实测值;n 为用于精度检验样点的数目。

RMSE 是指预测值与观测值之间的总体差,RMSE 越小,预测效果越好,其计算公式如下:

$$RMSE = \sqrt{\sum_{i=1}^{n} \frac{(V'_{ij} - V_{ij})^2}{n}} \tag{3.5}$$

AC 指预测值与观测值之间一一对应的程度,取值范围为[0,1],1 代表预测值与观测值完全一致,0 代表两者完全不同,其计算公式如下:

$$AC = 1 - \frac{n \times RMSE^2}{PE} \tag{3.6}$$

式中,n 为检验样点数目;RMSE 为均方根误差;PE(Potential Error Variance)为可能的误差变化,其计算公式如下:

$$PE = \sum_{i=1}^{n} (|V'_{ij} - \bar{V}| + |V_{ij} - \bar{V}|)^2 \tag{3.7}$$

式中,$\bar{V}$ 是观测值的平均值。

(四)结果分析

1. 描述性统计分析结果

由 SPSS Statistics 19 对各项指标描述性统计分析得到结果(见表 3.1),大于 100%为强变异,40%~100%为中等变异,10%~40%为低等变异,小于 10%为弱变异。表中有效磷的变异系数最高,属于强变异,其次为速效钾 68%,为中等变异,且有效磷和速效钾的峰度和偏度绝对值较大,不符合正态分布;耕层质地变异系数为 8%,属于弱变异,且峰度和偏度系数较大,不符合正态分布。对比耕层质地最大值与中位数发现,两者相等,即耕层质地在研究区范围内没有明显差异性,对本文评估土壤肥力的价值较小,故决定弃用耕层质地指标。其余各指标的变异系数属于低等变异,且根据峰度、偏度无法直接判断是否符合正态分布,需要进一步量化检验。

表 3.1　土壤肥力指标描述统计分析

耕地土壤肥力指标	最小值	最大值	中位数	平均值	标准差	变异系数	偏度	峰度	3S
TN	0.003	0.36	0.17	0.177	0.06	33	0.278	−0.255	0.35
TP	0.03	0.13	0.065	0.068	0.02	34	0.544	−0.382	0.14
TK	0.26	4.04	2.125	2.049	0.70	34	0.145	−0.791	4.16
AN	12	280	137.5	138.13	52.09	38	0.083	0.207	294.4
AP	0.01	504	32.93	81.256	109.95	135	1.852	2.764	411

耕地土壤肥力指标	最小值	最大值	中位数	平均值	标准差	变异系数	偏度	峰度	3S
AK	1.53	413	81.1	105.02	71.52	68	1.572	2.581	319.6
pH	3.62	8.39	5.41	5.707	1.12	20	0.651	−0.653	9.052
CEC	3.9	20.6	10.83	11.198	3.11	28	0.369	−0.231	20.53
Depth	4	21.7	16	15.958	2.63	17	−0.899	1.926	23.86
BD	0.86	1.36	1.06	1.079	0.13	12	0.363	−0.549	1.454
Texture	0.4	0.8	0.8	0.775	0.06	8	−3.175	12.556	0.952
OM	0.11	6.04	2.93	3.005	0.94	31	0.299	−0.092	5.813

注:TN 为全氮;TP 为全磷;TK 为全钾;AN 为碱解氮;AP 为有效磷;AK 为速效钾;CEC 为阳离子交换量;Depth 为耕层厚度;BD 为容重;Texture 为耕层质地;OM 为有机质。下同。

2. 正态分布转换结果

除碱解氮外,对各指标均进行了数据转换,转换指标经不同转换方法均获得近似正态分布数据集(见表 3.2)。

表 3.2　耕地肥力指标数据转换方法

指标	TN	TP	TK	AP	AK	pH	CEC	Depth	BD	OM
方法	平方根转换	对数转换	Box-Cox (1.5)	Box-Cox (0.1)	Box-Cox (−0.235)	Box-Cox (−2)	平方根转换	Box-Cox (0.8)	对数转换	平方根转换

注:碱解氮不需要进行数据转换,故没有列出;括号中的数据为 Box-Cox 转换的参数项。

3. 土壤肥力指标的空间自相关性分析

土壤异质性是结构性因素和随机性因素共同作用的结果,C_0 为块金值,是由实验测量误差和人类活动影响等随机因素共同引起的变异,块金值较高表明随机因素引起的变异重要且不容忽视;C 为结构方差,是由地形、气候、成土母质等非人为因素引起的变异;$(C_0 + C)$ 为基台值,即半方差函数随距离增加而达到稳定状态时的值,表示结构性因素引起的空间变异程度强弱,值越接近于 1,表示空间自相关性越强,结构性因素起主要作用,反之,随机性因素作用明显,该肥力指标空间自相关性较弱,无法利用克里格法插值预测;变程 a 表示两点间的相关距离,在此距离内的点具有相关性,且随距离增加相关性减弱,超出变程范围的两点相互独立,不具有相关性。

各土壤肥力指标空间变异程度略有差异(见表 3.3),由 $C/(C_0 + C)$ 的大小可以看出,速效钾具有最高的空间相关性(0.933),其余指标依次为有效磷、碱解氮、容重、全氮、耕层厚度、pH、全磷、阳离子交换量和有机质。以上十个指标结构性因素引起的变异占总空间变异的80%以上,结构性因素的影响起主要作用;有机质和全钾的$C/(C_0+C)$值小于0.8,其中全钾的值最小(0.623),表明随机性因素引起的变异占总空间变异的比例较大,随机因素的影响不容忽视。按照区域化变量空间相关程度的分级标准,当$C/(C_0+C)<25\%$时,指标具有较弱的空间自相关性;当$25\%\leqslant C/(C_0+C)\leqslant 75\%$时,指标具有中等程度的空间自相关性;当$C/(C_0+C)>75\%$时,指标具有强烈的空间自相关性(林芬芳,2009)。因此,本研究中除全钾属于中等程度的空间自相关性外,其余指标均具有强烈的空间自相关性。全钾的变程最大(11220m),且空间自相关性程度为中等,随机因素的影响较为明显。其余指标变程为1000~4500m,且空间自相关程度越高的指标其变程相对较低。变程最短的指标是碱解氮,其余指标从短到长依次为有效磷、pH、阳离子交换量、速效钾、容重、有机质、耕层厚度、全氮和全磷。

表3.3　各土壤肥力指标的半方差函数特征参数

变量	块金值 C_0	基台值 C_0+C	$C/(C_0+C)$	变程 a (m)	决定系数	残差平方和
TN	0.0006	0.0047	0.870	3510	0.666	8.912×10^{-7}
TP	0.0215	0.125	0.828	4440	0.687	5.296×10^{-4}
TK	0.855	2.268	0.623	11220	0.847	0.056
AN	193	2444	0.921	1280	0.529	1.6×10^{-6}
AP	0.0041	0.574	0.929	1360	0.583	6.278×10^{-4}
AK	0.0002	0.0027	0.933	2310	0.833	1.166×10^{-7}
pH	1.60×10^{-5}	9.90×10^{-5}	0.843	1830	0.518	1.206×10^{-9}
CEC	0.0393	0.2216	0.823	2268.99	0.911	4.136×10^{-4}
Depth	0.136	0.998	0.864	3360	0.494	0.241
BD	0.0015	0.0128	0.882	2670	0.691	7.598×10^{-6}
OM	0.0087	0.071	0.758	3300	0.758	1.206×10^{-4}

半方差函数的模拟精度随决定系数的增加而提高;残差平方和愈小,精度愈高。各肥力指标决定系数大小依次为阳离子交换量、全钾、速效钾、有机质、容重、全磷、全氮、有效磷、碱解氮、pH和耕层厚度。影响半方差函数精度的主要因素有样点间的距离、采样点的数量、异常值的影响、比例效应和漂移影响。异常值已经在前期处理中消除,本研究中主要影响因素为样点间的距离、采样点的数量、比例效应和漂移影响。耕层厚度因采样点间平均距离较大受到影响;全钾和阳离子交换量采样点数据相对较多、样点密度相对较大,半方差函数的精度较

高。土壤肥力指标受采样点影响的程度不一,无法确定单一影响因素如比例效应对该指标的影响大小,故不能单纯依据样点密度和间距来分析模型精度产生的原因,各指标模型精度是在多种影响因素共同作用下形成的。各土壤肥力指标的半方差函数变异图见图3.1。

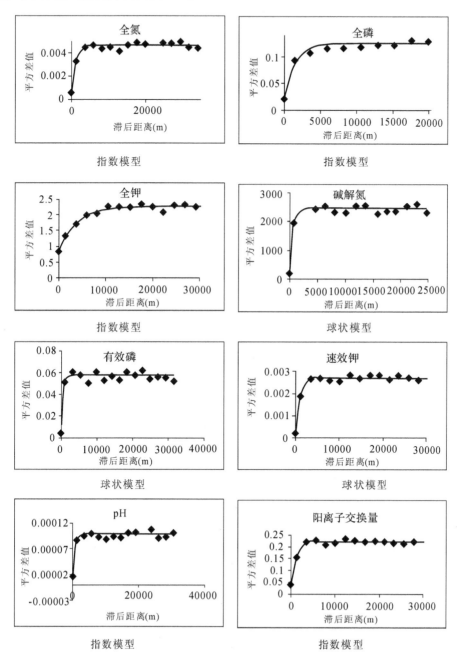

指数模型   指数模型

指数模型   球状模型

球状模型   球状模型

指数模型   指数模型

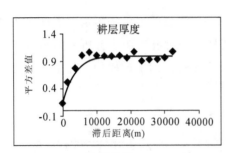

指数模型

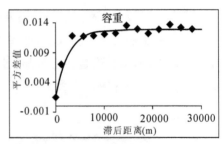

指数模型

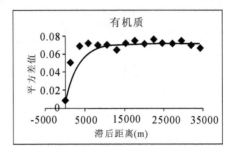

指数模型

图 3.1　各土壤肥力指标半方差函数变异情况

4. 土壤肥力指标空间插值分析

根据上述 11 个肥力指标的半方差函数模型及其分析可知,富阳区各土壤肥力指标均具有较好的空间自相关性,符合克里格空间插值的适用条件,且各指标的总体期望值未知,所有数据经过变换均符合正态分布,适用于普通克里格空间插值法。故利用普通克里格空间插值法,参考半方差函数各项参数,得到富阳区耕地范围内各土壤肥力指标空间预测图(如图 3.2 所示)。

在各土壤肥力指标空间预测结果中,按照各土壤肥力指标数值大小排列,其中颜色越深表示该肥力指标值越大,反之表示其值越小。耕地主要包括水田、旱地、望天田和菜地等四种类型,由空间预测结果可知各土壤肥力指标质量等级的分布范围,将全国第二次土壤普查养分分级标准(见表 3.4)与各指标预测结果对比分析,可得出富阳区各土壤肥力指标的分布及总体水平。

其中,全氮含量为 0.10%～0.27%,按照土壤普查养分等级,处于中等水平以上,且在很丰富等级上面积比例较大,富阳区全氮含量较好。山地、河谷、平原全氮含量较高,随海拔升高含量逐渐减少,富春江沿岸主要为水田,全氮含量并不高,这与河流季节性水位消涨和水田的耕作方式有关。全磷含量为 0.043%～0.096%,主要位于缺乏、中等和丰富三个等级上,从空间预测结果可以看出,三

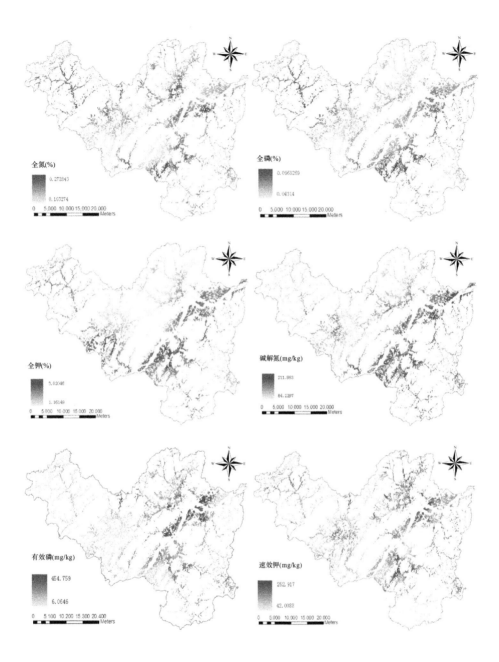

全氮(%)

0.272843

0.167274

0   5.000 10.000 15.000 20.000
Meters

全磷(%)

0.0963269

0.04314

0   5.000 10.000 15.000 20.000
Meters

全钾(%)

3.02046

1.16149

0   5.000 10.000 15.000 20.000
Meters

碱解氮(mg/kg)

211.983

84.2297

0   5.000 10.000 15.000 20.000
Meters

有效磷(mg/kg)

454.759

6.0646

0   5.100 10.200 15.300 20.400
Meters

速效钾(mg/kg)

252.917

42.0033

0   5.000 10.000 15.000 20.000
Meters

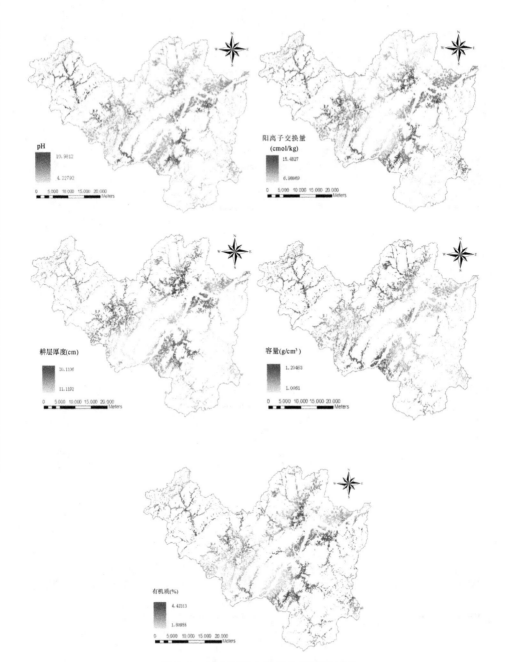

图 3.2　各土壤肥力指标空间预测结果

表 3.4　全国第二次土壤普查养分分级标准

等级	指标						
	全氮（%）	全磷（%）	全钾（%）	碱解氮（mg/kg）	有效磷（mg/kg）	速效钾（mg/kg）	有机质（%）
很丰富	>0.2	>0.10	>2.5	>150	>40	>200	>4
丰富	0.15~0.2	0.08~0.1	2.0~2.5	120~150	20~40	150~200	3~4
中等	0.10~0.15	0.06~0.08	1.5~2.0	90~120	10~20	100~150	2~3
缺乏	0.075~0.100	0.04~0.06	1.0~1.5	60~90	5~10	50~100	1~2
很缺乏	0.050~0.075	0.02~0.04	0.5~1.0	30~60	3~5	30~50	0.6~1.0
极缺乏	<0.05	<0.02	<0.5	<30	<3	<30	<0.6

注:其余指标无量化标准,在文中分析时说明。

个等级的面积较为均匀。在分布特点上,西北山地河流两岸及富春江上游全磷含量处于丰富等级,富春江沿岸平原处于中等等级,其余低丘缓坡耕地处于缺乏等级。位于居民点附近的耕地全磷含量明显高于偏远地区全磷含量,这与人类对耕地的施肥习惯有很大关系。全钾含量为 $1.16\%\sim3.02\%$,少部分处于缺乏等级,其余大都处于中等以上等级。全钾含量较高的地区主要分布在富春江上游东西两侧块状区域内,富春江下游两岸含量也较高。该区域散布较多农村居民点,且距城市较远,受城市工业化影响有限,土地利用类型多为水田,人工施肥及土地利用类型对全钾含量影响较大。

碱解氮含量为 $84\sim212mg/kg$,全部处于中等及中等以上等级。含量较高地区主要分布在富春江沿岸,土地主要利用类型为水田,表明碱解氮含量与距水源远近关系密切;有效磷含量为 $6\sim455mg/kg$,与分级标准对比,除少数位于缺乏等级,其余都处在中等及中等以上等级,且最高值远大于 $40mg/kg$(最高等级临界值),主要分布在富春江下游城市边缘地区,被农村居民点与城市建成区包围,碱解氮含量可能受人类活动影响,频繁的施肥导致其含量较高;速效钾含量为 $42\sim253mg/kg$,主要分布在丰富、中等、缺乏和很缺乏 4 个等级上,且其含量与人类活动密切相关,含量高的区域与农村居民点相间分布,表明其含量可能与人类的施肥习惯、耕作时间长短有关;有机质含量为 $1.81\sim4.42mg/kg$,大多处于缺乏及缺乏以上等级,其分布无明显特点,可能受水源、施肥情况、耕作制度等共同影响。

土壤容重含量为 $1.01\sim1.20g/cm^3$,土壤疏松多孔,其容重小,土壤孔隙度降低,容重增加。按照容重含量可知研究区土壤主要为黏质土,属于结构性较好的土壤。阳离子交换量含量为 7.0～15.5cmol/kg,其值越大表明其土壤肥力越高,CEC 高值区与水田分布一致,土地利用类型可能是其主要影响因素之一。pH 为 4.2～11.0,过酸或过碱均不利于植物生长,影响土壤肥力。由预测结果可以看出,沿河两岸 pH 过高,对土壤肥力产生负面影响,其主要原因可能为人类活动对附近土壤的影响。耕层厚度含量为 11～20cm,土壤肥力随耕层厚度增加而上升,高值区成团状分布,主要在城市周围、富春江上游南北两岸。

总体来看,各土壤肥力指标分布趋势明显,研究区内各指标值较为集中,大部分耕地处于中等或中等以上等级,其主要影响因素为肥料施用习惯、耕地利用现状及距水源远近等。根据得到的各肥力指标预测结果仍无法判断地块间综合肥力水平大小,为量化评价富阳区土壤肥力水平高低,还需要将各指标综合分析,得到综合肥力指标并成图,提取出具有现实意义的耕地土壤肥力图。

(五)精度评价

根据各土壤肥力指标预测结果,结合验证点实测值与预测值的比较,通过在 Excel 中计算得到研究区各土壤肥力指标普通克里格插值预测精度(见表 3.5)。

表 3.5　各土壤肥力指标克里格插值预测精度

耕地土壤肥力指标	平均绝对误差(MAE)	均方根误差(RMSE)	可能的误差变化(PE)	一致性系数(AC)
TN	0.034	0.044	17.52	0.715
TP	0.017	0.022	0.31	0.534
TK	0.384	0.497	324.78	0.770
AN	33.202	43.105	272692.84	0.530
AP	56.077	81.435	16328127.36	0.726
AK	42.115	55.901	21358611.42	0.617
pH	0.656	0.901	12051.69	0.818
CEC	2.041	2.575	14010.45	0.651
Depth	1.690	2.189	1840.67	0.649
BD	0.102	0.124	4.46	0.326
OM	0.576	0.754	4800.40	0.681

平均绝对误差(MAE)和均方根误差(RMSE)与各指标的实测值、观测值有关,各指标数值越大,MAE 和 RMSE 越高,即 MAE 和 RMSE 不能排除量纲差异带来的影响,因此无法根据 MAE 和 RMSE 对全部指标预测精度对比,但是一

致性系数(AC)可以有效排除不同量纲的影响,实现对各土壤肥力指标预测精度评价。

对比一致性系数可以发现,pH、总钾和总氮预测精度较高,总磷、碱解氮和容重预测精度较低,总磷的采样点数目相对较多而预测精度较低,与采样点的空间变异性有关。通过对各土壤肥力指标插值精度分析,发现普通克里格插值精度受到采样点数目和采样点的空间自相关性影响。采样点越多,空间自相关性越强,预测效果越好,精度越高。

(六)结论

本节主要利用描述性统计和地统计对各指标数据进行分析,剔除异常值并进行数据正态分布检验及转换,最后基于土壤各指标的空间自相关性进行普通克里格插值,得到各肥力指标的预测分布图。经过传统统计分析发现,耕层质地在全部研究范围内变异性较小,没有实际意义,故弃用该指标。

由 $C/(C_0+C)$ 大小可以看出各指标的空间自相关性,速效钾的 $C/(C_0+C)$ 为 0.933,具有最高的空间自相关性,其余指标依次为有效磷、碱解氮、容重、全氮、耕层厚度、pH、全磷、阳离子交换量和有机质,以上十个指标结构性因素引起的变异占总空间变异的 80% 以上,结构性因素的影响起主要作用;有机质和总钾的 $C/(C_0+C)$ 小于 0.8,其中总钾值最小(0.623),表明随机性因素引起的变异占总空间变异的比例较大,随机因素的影响不容忽视。半方差函数的决定系数 R^2 表示模型对指标的拟合精度,其值越高,精度越好。各土壤肥力指标决定系数大小依次为阳离子交换量、全钾、速效钾、有机质、容重、全磷、全氮、有效磷、碱解氮、pH 和耕层厚度。

普通克里格插值预测结果显示各肥力指标分布趋势明显,根据全国第二次土壤普查土壤养分分级标准,大部分耕地肥力指标处于中等或中等以上等级。为进一步量化评价富阳区土壤综合肥力高低,还需要将各指标综合分析,提取更具现实意义的耕地土壤综合肥力指标,并进行土壤综合肥力数字化制图。

二、基于随机森林的土壤有机质数字制图

土壤有机质是衡量土壤肥力和耕地质量的重要指标,与土壤的物理过程、化学过程、生物过程和农业生产力紧密关联。增加土壤有机质含量可以对土壤中养分的释放和固定化产生积极影响(Yu et al.,2006),调节土壤孔隙度和结构(John et al.,2005),增加土壤通透性和减少土壤侵蚀(Carter,2002),同时改良土壤的生物活性(Liu et al.,2010)。然而,过度增加土壤有机质含量、增加土壤有机质含量的成分比例不协调或者增加土壤有机质含量的方式不正确,这都会导致不良后果,造成土壤板结、结构破坏等,甚至会产生点源或面源的土壤污染,从而造成土壤周边或流域的水污染。此外,土壤有机质形式中的有机碳储备量巨大,其含量至少是大气或活植物体中碳含量的三倍(Lal,2004;Schmidt et al.,2011),土壤有机质是全球碳库的重要组成部分(Haile et al.,2007)。维持土壤有机质含量可以为通过固碳方式来减缓温室气体排放量提供重要机会。因此,掌握土壤有机质含量及其空间分布,对评估土壤肥力、环境质量和全球气候变化有重要意义。

土壤属性及其空间分布受到许多环境协变量的影响,许多学者在进行土壤属性及空间预测时常选取地形、植被、成土母质、土地利用类型等作为预测因子。地形常表现为数字高程以及从数字高程中计算得到的坡度、坡向、平面曲率、剖面曲率等地形指数;植被覆盖则常用从遥感影像中提取的植被指数来表示,如归一化植被指数。随着3S技术的不断发展,获取土壤环境协变量因素的方法更为多样,且更易于获取实时、更新速度快、高分辨率、高精度、高质量的数据源,这些数据被广泛地应用到土壤属性及空间分布预测的制图研究中,为社会发展和经济建设提供土壤相关信息。

数字土壤制图(digital soil mapping)与传统土壤制图相比,拥有成本低、精度高、便于保存及调用、信息更新快速及时等优点。地统计学由于简单易行,在数字土壤制图中被广泛应用(刘付程等,2004),然而,不同的空间插值方法和线性回归模型都将土壤属性与环境协变量的关系简单化,尤其对环境较复杂区域而言,土壤属性及空间分布预测精度会偏低。为了更好地分析土壤属性与环境协变量之间的关系,一些学者运用分类树和决策树进行预测(周斌等,2004;周银,2011),但此种模型的预测结果受训练集影响很大,不够稳定。人工神经网络(ANN)、支持向量机(SVM)、基于Fisher判别和案例推理(邱琳等,2012)等方法和模型得到的土壤属性预测结果比地统计学预测精度更高,但这些方法也存在局限,容易产生过度拟合。Breiman于2001年提出的随机森林(Random Forests,RF)方法是决策树的组合,其预测精度高,对数据缺失不敏感,对异常值和噪声有较好的容忍度,且还能确定预测因子的重要性。国外已有不少研究将随机森林运用到数字土壤制图中(Grimm et al.,2008;Wiesmeier et al.,2011;Heung et al.,2014),而国内相关研究则较少。

因此,本节旨在利用遥感影像、数字高程、土地利用类型等多源数据,将其作为环境协变量,运用随机森林模型从区域尺度上对富阳区土壤有机质含量及空间分布进行预测,同时进行数字土壤制图,为富阳区土地利用、土壤肥力评估和耕地保护提供数据支撑。

(一)数据来源与类型

涉及的数据有富阳区 Landsat TM 遥感影像、富阳区数字高程数据、土地利用矢量图、土壤矢量图和地质栅格图,以及富阳区内 904 个土壤采样点的有机质数据(见图 3.3)。其中,Landsat TM 遥感影像拍摄于 2007 年 3 月 29 日,共有 7 个波段,分辨率为 30m,数据共有 2292 列、1663 行;数字高程数据分辨率为 31.216539m,数据共有 2201 列、1596 行,在富阳区中部有东西向的数据空白带,共缺少 32768 个数据;土地利用矢量图获取日期为 2005 年 3 月 11 日,所采用的土地利用分类属于过渡时期的土地利用分类和现行土地利用分类的混合;土壤矢量图包含土属、亚类、土种等信息;地质栅格图分辨率为 30m,数据共有 2411 列、1752 行,零星地缺少 255 个数据,地质栅格图的面积比其他地图的面积更大。土壤采样点取样时间为 1999—2005 年,采样点遍布整个研究区,然而由于采样难度的限制,土壤采样点多集中在海拔较低地区,因此研究区中部平原地区土壤采样点最多,分布比较密集,西北部丘陵区土壤采样点数目次之,东南部低山区土壤采样点最少,分布最稀疏。

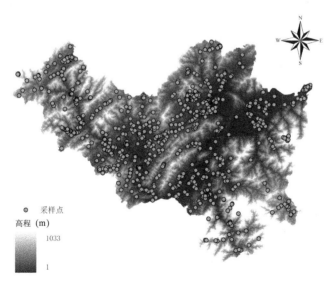

图 3.3 富阳区采样点分布及数字高程

（二）环境协变量预处理

1. 植被指数

利用富阳区 30m 空间分辨率的 Landsat TM 遥感影像计算植被指数，在 ERDAS IMAGINE 2014 软件中选取归一化植被指数、土壤调节植被指数、比值植被指数和差值植被指数作为富阳区所需的植被指数（见图 3.4）。

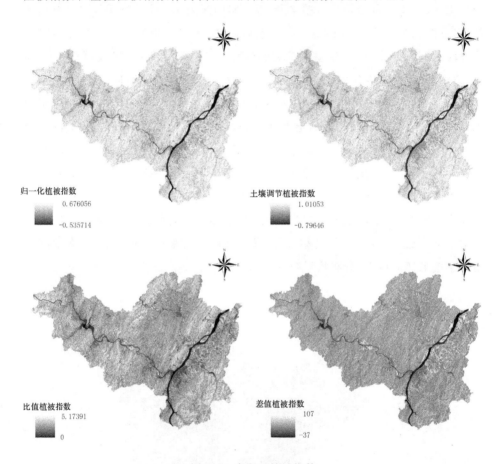

图 3.4　富阳区植被指数

归一化植被指数的计算公式如下：

$$\text{NDVI} = \frac{\text{NIR} - \text{RED}}{\text{NIR} + \text{RED}} \tag{3.8}$$

式中，NIR 代表近红外波段；RED 代表红外波段（下同），在 Landsat TM 传感器中近红外波段和红外波段表现为 band 4 和 band 3，NDVI 的取值范围一般在一

1到1之间,负值表示地面覆盖为云、雪、河流等水域,0表示地面有岩石或裸露土地,正值代表地面有植被覆盖,NDVI随植被覆盖的增加而增大。目前,NDVI应用最广泛,并经常被用作参考来评价基于遥感影像和地面测量或模拟的新的植被指数(田庆久等,1998)。

土壤调节植被指数(soil adjusted vegetation index,SAVI)的计算公式为

$$SAVI = \frac{NIR - RED}{NIR + RED + L}(1 + L), L = 0.5 \tag{3.9}$$

该指数的创造性在于引入了土壤亮度指数L,建立了一个可以适当描述土壤—植被系统的简单模型(罗亚等,2005)。L与植被覆盖密度有关,一般将L取值为0.5。SAVI能降低土壤背景的影响,使得植被指数更能体现植被覆盖情况,但也可能会丢失一部分植被信号,从而导致植被指数偏低。

比值植被指数的计算公式为

$$RVI = \frac{NIR}{RED} \tag{3.10}$$

比值植被指数可以充分表现绿色植被在近红外波段和红外波段反射率的差异,在绿色健康植被覆盖区域,计算得到的RVI远大于1,而在无植被覆盖的地面(如裸土、人工建筑、水体、植被枯死或严重虫害的地面等),RVI一般在1附近。RVI对大气敏感,而且当植被覆盖浓度较低(小于50%)时,其分辨率较弱,只有在植被覆盖浓密的情况下效果较好(田庆久等,1998)。

差值植被指数的计算公式为

$$DVI = NIR - RED \tag{3.11}$$

差值植被指数对土壤环境的变化非常敏感,有利于对植被生态环境的变化进行监测,同时也能较好体现土壤环境的变异。该指数变程广,反映地表信息详尽(代晓能等,2007)。

2. 地形因子

由于地质栅格图、富阳区Landsat TM遥感影像等数据的分辨率都是30m,而富阳区数字高程数据分辨率为31.216539m,为了减少数据误差,统一分辨率,在ArcGIS 10.2中将数字高程数据重采样为30m分辨率。利用重采样后的数字高程数据,在ArcGIS 10.2中进行表面分析,提取地形指数,包括坡度、坡向(见图3.5)。

图 3.5 富阳区地形因子

3. 土地利用类型

已有的富阳区土地利用图为矢量数据,为了便于空间分析,利用 Feature to Raster 将其转换为 30m 分辨率的栅格数据。地类编号与地类代码一一对应,富阳区一共有 44 种土地利用类型,其中地类编号 36 代表未知土地利用类型(见图 3.6)。由于在已知的富阳区土地利用图中,土地利用类型同时采用了过渡时期的土地利用分类和现行土地利用分类,因此,在统计各种土地利用类型面积时仍遵循土地利用图中的土地利用分类。此外,为了更简明地了解富阳区土地利用情况,将所有土地利用类型再划分为 11 大类。除未知土地利用类型外,其余 43 种土地利用类型的面积统计如表 3.6 所示。

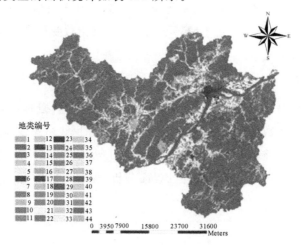

图 3.6 富阳区土地利用类型

表 3.6 富阳区土地利用类型面积

单位:m²

土地利用类型		面积	土地利用类型		面积
耕地	菜地	11086227	水域及水利设施用地	河流水面	49177875
	旱地	50762326		坑塘水面	7269960
	望天田	35899930		水库水面	6699188
	灌溉水田	179753401		水工建筑用地	3283054
	面积汇总	277501884		农田水利用地	773685
园地	茶园	36045044		滩地	6284919
	果园	20574746		面积汇总	73488681
	桑园	2967182	其他土地	畜禽饲养地	288100
	其他园地	219128		设施农业用地	14975
	可调整茶园	347218		晒谷场等用地	27994
	可调整果园	4150066		裸土地	282777
	可调整其他果园	251883		裸岩石砾地	678767
	可调整桑园	5033120		沙地	35451
	面积汇总	69588387		面积汇总	1328064
林地	有林地	976286455	交通运输用地	港口码头用地	489829
	灌木林地	118489901		公路用地	9864896
	疏林地	39409606		农村道路	98109
	未成林造林地	5477826		面积汇总	10452834
	迹地	2562132	居民点及独立工矿用地	城市	7323405
	苗圃	1237196		建制镇	6289019
	可调整有林地	2026515		农村居民点	79062825
	可调整未成林造林地	7339048		独立工矿用地	27704525
	可调整苗圃	9383887		面积汇总	120379775
	面积汇总	1162212566	特殊用地		1275163
草地	荒草地	89736628	其他未利用土地		273905

注:本表根据富阳区土地利用图统计得到。

4. 土壤地质

现有的地质图数据范围要比富阳区面积大,因此需要进行剪裁。在 ArcGIS 中进行掩膜计算,利用行政区划图来剪裁地质图,得到和土地利用图、土壤图、数字高程图等范围近似的地质图。富阳区地质分属 72 个组(见图 3.7)。

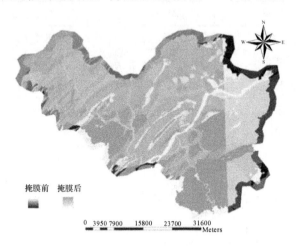

图 3.7　富阳区地质情况

5. 土壤类型

富阳区土壤图中包含土种、土属、亚类等,土壤信息较多,选取土属作为环境协变量,将其转换为 30m 分辨率的栅格数据(见图 3.8)。除去河流和建城区外,土属共有 36 种,其中黄泥土面积最大,占全部面积的 40.22%,红泥土次之,所

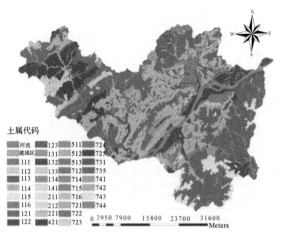

图 3.8　富阳区土属类型

占面积比例为 15.92%。全区土壤土属中所占面积比例在 1.00% 以上的 11 种土属覆盖了富阳区 94.60% 的土地,因此,可以说富阳区土属类型主要为黄泥土、红泥土、油黄泥、洪积泥沙田、培泥沙田、黄泥砂田、泥质田、山地黄泥土、石砂土、扁石砂土和黄黏土这 11 种土属。富阳区全部土属类型面积统计如表 3.7 所示。

表 3.7 富阳区土壤土属类型面积

土属代码	土属名称	面积(m²)	比例(%)	土属代码	土属名称	面积(m²)	比例(%)
121	黄泥土	719823600	40.22	712	黄泥田	3649500	0.20
114	红泥土	284950800	15.92	512	清水沙	3432600	0.19
421	油黄泥	123604200	6.91	715	油泥田	3150000	0.18
721	洪积泥沙田	110021400	6.15	723	潮红土田	3106800	0.17
725	培泥沙田	101298600	5.66	511	洪积泥沙土	2754000	0.15
722	黄泥砂田	84749400	4.74	212	山地黄泥沙土	2526300	0.14
724	泥质田	80355600	4.49	742	烂瀹田	2115000	0.12
211	山地黄泥土	66256200	3.70	141	潮红土	1635300	0.09
131	石砂土	53587800	2.99	134	岩秃	1287900	0.07
133	扁石砂土	41658300	2.33	731	青丝泥田	885600	0.05
122	黄黏土	26651700	1.49	132	山石砂土	791100	0.04
116	油红泥	16476300	0.92	714	红泥田	675900	0.04
111	黄筋泥	15334200	0.86	115	红黏土	522000	0.03
113	粗红砂土	11049300	0.62	112	红砂土	520200	0.03
221	山地乌石沙土	7171200	0.40	744	烂青丝泥田	350100	0.02
716	黄筋泥田	6993900	0.39	123	黄泥沙土	219600	0.01
513	培泥沙土	6625800	0.37	743	烂泥田	192600	0.01
735	青泥砂田	5036400	0.28	741	烂灰田	176400	0.01

注:本表根据富阳区土壤图统计得到。

(三)随机森林模型

随机森林作为一种集成学习机器,是 Breiman 将其于 1996 年提出的 Bagging 集成学习理论与 Ho 于 1998 年提出的随机子空间方法相结合的产物,其基本分类器是决策树。简单来说,随机森林就是分类回归树的组合构成。随机森林通过有放回的自助采样来训练每一棵树,通过一定比例的随机无放回采样来训练每棵树的节点。假设原始数据集中共有 N 个样本数据,所有样本数据共有 m 维特征。训练每棵树时,从原始数据集中有放回地抽取 N 个样本数据,这就意味着,原始数据集中的有些样本可能多次出现在同一棵树的训练集中,有些样本则可能从未出现在一棵树的训练集中,那些从未出现在训练集中的样本数据被称为袋外数据(out-of-bag)。在训练每棵树的节点时,从原始样本数据具有的 m 维特征中无放回地随机抽取 m 维特征作为特征向量,利用 m 维特征向量寻找最佳分类效果的一维特征 k 及其阈值 p,此节点上的样本数据第 k 维特征小于阈值 p 的样本进入左节点,其余的样本则被划入到右节点。将所有节点训练完毕或都被标记为叶子节点后,一棵树的训练完成。当所有分类回归树训练完毕后,随机森林模型训练完成。在运用随机森林进行预测时,从每棵树的根节点开始判断数据是进入左节点还是右节点,直到数据到达叶子节点时输出该棵树的预测值。对于分类问题的预测,随机森林的预测结果就是根据投票得到最大概率总和的那一类别;对于回归问题的预测,随机森林的预测结果就是所有分类回归树的预测输出的平均值。

本研究从原始的 904 个土壤采样点中随机选取 632 个采样点作为训练点,建立随机森林模型,剩下的 272 个采样点作为验证点,用来检验随机森林模型的土壤有机质预测精度。随机森林算法在 R i386 3.1.2 软件中实现,调用 R 软件中 random Forest 程序包里的 random Forest()方法进行随机森林模型的建立,调用 predict()方法进行预测。在建立随机森林模型时,需要进行设置的参数主要有两个,一个是 ntree,即在随机森林中生成决策树的数量,另一个是 mtry,即从样本数据的全部 m 维特征中选取 mtry 维特征进行节点训练,也就是在每个节点处用于分割节点的预测变量。为了较好地设置 ntree 和 mtry 这两个参数,以使随机森林模型训练效果达到最优,在 R 软件里编写程序使得 ntree 从 100 逐渐增加到 1000,mtry 从 2 逐渐增加到 6,分别建立随机森林模型,根据返回的随机森林模型的均方残差和解释变量比例大小确定最优的 ntree 和 mtry 参数。经过试验,最终确定 ntree 为 800,mtry 为 6。实现上述目的的程序代码如下:

```
> library(randomForest)       # 加载 randomForest 程序包

> train <-read. csv("D: /train. csv",header= TRUE)       # 将数据写入 train 中

> train $ dilei <-as. factor(train $ dilei)       # 将 dilei 由向量转为因子

> set. seed(111)       # 产生随机种子

> ind <-sample(2,nrow(train),replace= TRUE,prob=c(0.7,0.3))

# 有放回地抽样,抽样次数为 train 的行数,抽样时标记为 1 和 2 的概率分别是 0. 7 和 0. 3
```

```
> train. rf <-list()        # 将 train. rf 定义为列表
> k <-0       # 设置 train. rf 列表的初始下标为 0
> for(p in 2:6){      # p 从 2 依次增加到 6
+ for(i in seq(100,1000,by=100)){      # i 从 100 增加到 1000,每次增加 100
+ k <-k+1       # train. rf 列表下标逐一增加
+train. rf[[k]]<-randomForest(som~. ,data=train[ind==1,],ntree=i,mtry=p,
importance=TRUE)}
```
　# 通过循环实现多次随机森林建模,训练建模数据为 train 中被标记为 1 的数据}
```
> train. rf      # 输出所有随机森林模型
```

(四)精度评价

常用的土壤属性制图精度评价指标有平均误差(ME)、平均绝对误差(MAE)、标准化平均误差(MSE)、平均标准误差(ASE)、均方根误差(RMSE)、标准化均方根误差(RMSSE)、平均相对误差(MRE)、相关系数(RC)、一致性系数(AC)等(郭燕等,2013)。土壤制图验证有不同的验证方法,不少学者利用验证点进行制图验证(周斌等,2004),采用五重交叉验证。

为检验随机森林模型对土壤有机质含量预测的精度,从原始的 904 个土壤采样点中选取 272 个土壤采样点作为验证点,利用验证集中采样点的土壤有机质模型预测值与实测值分别计算平均误差、平均绝对误差、均方根误差及平均相对误差。这 4 个误差检验指标计算公式分别为

$$ME = \frac{\sum_{i=1}^{n}(X_{\mathrm{obs},i} - X_{\mathrm{model},i})}{n} \tag{3.12}$$

$$MAE = \frac{\sum_{i=1}^{n}|X_{\mathrm{obs},i} - X_{\mathrm{model},i}|}{n} \tag{3.13}$$

$$RMSE = \sqrt{\frac{\sum_{i=1}^{n}(X_{\mathrm{obs},i} - X_{\mathrm{model},i})^2}{n}} \tag{3.14}$$

$$MRE = \frac{\sum_{i=1}^{n}[(X_{\mathrm{model},i} - X_{\mathrm{obs},i})/X_{\mathrm{obs},i}]}{n} \tag{3.15}$$

式中,$X_{\mathrm{obs},i}$ 和 $X_{\mathrm{model},i}$ 分别代表实测值和模型预测值;n 代表样本数量。

（五）结果与分析

1. 土壤有机质描述性统计分析

为了对富阳区土壤采样点的土壤有机质含量有大致的了解，以便于分析预测结果，对土壤采样点的训练集、验证集的样本数目，有机质含量的最大值、最小值、平均值、标准差和变异系数分别进行统计，得到结果如表3.9所示。训练集的土壤有机质含量平均值比验证集的土壤有机质含量平均值稍高，但训练集的有机质含量范围(0.27～7.84g/kg)比验证集的有机质含量范围(0.11～10.4g/kg)小，训练集中有机质含量的标准差比验证集中有机质含量的标准差稍低。同时训练集中有机质含量的变异系数也比验证集中有机质含量的变异系数稍低，产生这种情况主要是因为验证集中有机质含量的最小值0.11g/kg及最大值10.40g/kg与其他验证点的有机质含量之间的变异过大，且验证集中样本数目较少，极值对整体数据的变异、离散程度影响较大。

表 3.9　富阳区采样点土壤有机质含量描述性统计

样本组	样本数目 （个）	最小值 （g/kg）	最大值 （g/kg）	平均值 （g/kg）	标准差 （g/kg）	变异系数 （%）
训练集	632	0.27	7.84	3.01	0.966	32.09
验证集	272	0.11	10.40	2.99	1.002	33.83

2. 土壤有机质预测随机森林模型的构建及精度检验

本研究拟选取的预测环境协变量有地形因子（包括数字高程（DEM）、坡度、坡向）、植被指数（包括归一化植被指数、土壤调节植被指数、差值植被指数、比值植被指数）、土地利用类型、地质类型和土属类型，最终进入随机森林模型构建的预测因子有地形因子、植被指数、土地利用类型3大类环境因素，共8个指标。

建立随机森林模型的训练数据即为632个随机选择的土壤采样点，其中每个土壤采样点都包含有机质含量这一结果变量和地形因子、植被指数、土地利用类型等8个预测变量。由于土壤采样点在采集时只包含了有机质含量，因此在ArcGIS中利用"extract values to points"命令将地形因子、植被指数、土地利用类型等信息值提取到每个土壤采样点。

预测区域数据是整个富阳区的数据，将富阳区土地利用栅格图转换为点数据，其中90m×90m大小的栅格用一个点来表示。转换完成后的点数据只包含富阳区的土地利用类型信息，利用Extract values to points将地形因子、植被指数等信息值提取到每个点中,包含所有预测因子信息的富阳区所有点数据即为随机森林进行预测时的区域预测数据。

在 R i386 3.1.2 中构建随机森林模型的程序代码如下:

```
> library(randomForest)      #加载 randomForest 程序包
> train <-read. csv("D:/train. csv",header=TRUE)
#将土壤采样点数据写入 train 中
> train $ dilei <-as. factor(train $ dilei)      #将 dilei 由向量转为因子
> set. seed(111)      #产生随机种子
> ind <-sample(2,nrow(train),replace=TRUE,prob=c(0.7,0.3))
#有放回地抽样,抽样次数为 train 的行数,抽样时标记为 1 和 2 的概率分别是 0.7
和 0.3
>train. rf<-randomForest(som~. ,data=train[ind==1,],ntree=800,mtry=6,
importance=TRUE)
#建立随机森林模型,训练数据为 train 中标记为 1 的数据
> zone <-read. csv("D:/zone. csv",header=TRUE)
#将预测区域数据写入 zone 中
> zone $ dilei <-as. factor(zone $ dilei)      #将 dilei 由向量转为因子
> zone. pred <-predict(train. rf,zone)
#用建立的随机森林模型预测区域有机质含量
> write. csv(zone. pred,"D:/out. csv")      #将预测结果输出到 out. csv 文件中
```

用训练点的模型预测值与实测值计算评价指标来进行模型精度检验(见表3.10),得到平均误差为−0.007,平均绝对误差为0.318,均方根误差为0.424,平均相对误差为0.065,这四个误差评价指标越低,代表模型的拟合精度越高。由此可见,由训练集中的土壤有机质样点数据构建的随机森林模型拟合效果较好。

表 3.10　富阳区土壤有机质含量随机森林模型预测精度

样本组	平均误差	平均绝对误差	均方根误差	平均相对误差
训练集	−0.007	0.318	0.424	0.065
验证集	−0.037	0.807	1.099	0.116

3. 土壤有机质含量空间分布预测

将 R 软件里预测得到的富阳区土壤有机质含量导出到 Excel 中,在 ArcGIS 10.2 中将 Excel 中的数据转成矢量点,再利用 Point to Raster 功能将点转换成

栅格,得到土壤有机质含量空间分布预测图(见图3.9)。从图3.9可以看出整个富阳区土壤有机质含量为2.20264~4.10768g/kg,富阳区中部土壤有机质含量较低,只有少部分农田集中地区有机质含量稍高;富阳区西北部土壤有机质含量最高,东南部区域土壤有机质含量次之。富阳区整个地貌呈现"两山夹江"的特征,整体地势由西北和东南向中部倾斜。西北部为天目山余脉,坡度大部分为15°~25°,土层深厚,是粮食、林木和各种经济特产的主要生长区,植被覆盖高,土壤有机质含量较高;东南部为仙霞岭余脉,以低山为主,海拔较高,气温较低,有机质分解速度较慢,主要生产毛竹、木材,植被覆盖率较高;中部地区主要是平原,城市建设用地多集中于此,水田、旱地等耕地多集中于此,农田的有机质含量稍高,其余建设用地的土壤有机质含量稍低。随机森林模型预测的土壤有机质含量空间分布结果和研究区域的地形、植被、土地利用基本吻合。由此可见,从区域尺度上来看,土壤有机质含量空间分布受到地形、植被覆盖和土地利用的影响较大。

图3.9　富阳区土壤有机质含量空间分布预测

周银(2011)运用决策树模型进行富阳区土壤有机质含量预测时,得到的结果是大部分有机质含量为2%~4%,土壤有机质空间分布呈现山地、丘陵区含量高,中部平原地区含量低,尤其是富春江两岸有机质含量更低的特点,这与本节研究的结果是一致的。因此,随机森林模型能在采样点较少的情况下较好预测区域尺度上的土壤有机质含量。

4. 土壤有机质含量预测精度验证

用验证点的土壤有机质预测值与实测值计算相关误差指标(见表3.10),得到平均误差为-0.037g/kg,平均绝对误差为0.807g/kg,均方根误差为1.099g/kg,平均相对误差为0.116g/kg,将这些误差指标结果与训练集中样点数据计算得到的误差指标结果相比,所有误差指标均增大,尤其是平均绝对误差和均方根误差增幅较大。然而,考虑到训练集中采样点土壤有机质含量的特征与验证集中采样点土壤有机质含量特征的不同,从整体上来说,验证集中采样点土壤有机质含量预测误差也较小,随机森林模型能较好预测出研究区的土壤有机质含量及空间分布。

(六)存在的问题及讨论

1. 随机森林模型的构建问题

本文在进行随机森林模型构建时,最终选取的环境协变量预测因子是数字高程、坡度、坡向、归一化植被指数、土壤调节植被指数、比值植被指数和差值植被指数以及土地利用类型等,而土属类型和地质类型并没有参与构建随机森林模型。尤其是土属类型,此环境协变量将会对土壤有机质含量产生较大影响,本研究也试图将土属类型和地质类型作为预测因子参与训练随机森林模型,然而,由于土属类型和地质类型是属于分类变量,土属类型共有 36 种,地质类型分属 72 个组,如此多的分类水平已经超出了 R 软件中随机森林程序包中构建随机森林模型时可以参与的分类水平数。另外,研究区土地利用类型共有 44 种(包括未知土地利用类型),本文将其重新划分为 11 类,可参与随机森林构建。

要解决随机森林模型构建时遇到的这种因分类水平数过多而建模不成功的问题,从理论上讲,应该有两种解决方法:一种是改进随机森林模型,增加随机森林建模时可以容许的分类水平数;另一种是减少土属类型和地质类型的分类水平数,将其重新进行分类,使得以尽可能少的分类水平达到描述研究区环境特征的良好效果。这种方法需要更多的土属类型和地质类型分类信息,可以在今后的研究中进行尝试。

此外,由于富阳区地形差异较大,海拔高度范围为 $1 \sim 1033$m,平原、盆地、丘陵和低山地貌并存,气温和降水在不同的地貌会有差异,从而对土壤有机质含量产生一定影响,因此,也可以尝试将气温和降水这两个环境变量加入随机森林建模,以预测土壤有机质含量。

2. 土壤有机质含量及空间分布预测问题

郭澎涛等(2015)在运用随机森林模型进行橡胶园全氮含量预测时,平均误差为 0.002g/kg,平均绝对误差为 0.086g/kg,均方根误差为 0.146g/kg;运用逐步线性回归方法预测时,上述三个指标分别为 -0.006g/kg、0.134g/kg 和 0.199g/kg。黄兴成等(2013)针对低山丘陵区的农田土壤有机质进行预测,其中运用逐步线性回归方法的预测结果的平均误差为 0.167g/kg,均方根误差为 3.65g/kg。其中,橡胶园的面积约为 99600hm²,采样点为 2511 个,其中,1757 个采样点参与模型训练,754 个采样点为验证点。低山丘陵区农田是以重庆市为研究区域,面积 2300km²,采样点共 2000 个,其中,1600 个采样点进行建模,400 个采样点进行验证。本研究区域面积达 1831km²,采样点共 904 个,其中,632 个采样点为训练点,272 个采样点为验证点,本研究的土壤有机质含量预测结果的均方根误差介于上述两者之间。从这三种不同研究区域大小、不同采样点数量得到的预测结果来看,可以得出的基本结论是采样点分布密度越高,预测结果越准确。因此,若要提高本研究的预测结果精度,可以考虑增加采样点采集密度。

此外,从区域采样点分布及数字高程图和采样点环境因子描述性统计结果(见表 3.11)可知,研究区的采样点在空间上分布较为集中,尤其是中部区域采样点较为密集;采样点的环境因子特征也较为集中,多分布在低海拔和较小坡度区域,这种采样点分布情况可能和采样难度有关。采样点在空间分布以及环境因素特征上的集中,可能会导致采样点不能较好地代表整个区域的特征,从而使得预测结果精度偏低。在今后的研究中,可以尝试调整该区域的土壤采样点分布,使之在空间分布以及环境变量特征分布上较为均匀,以检验随机森林模型预测制图精度是否提高。

表 3.11　采样点环境因子描述性统计

环境因子	最小值 (g/kg)	最大值 (g/kg)	平均值 (g/kg)	标准差 (g/kg)	变异系数 (%)
数字高程	2	678	71	99.3	139.86
坡度	0	45.32	6.68	7.75	116.02

(七)结论

本书土壤采样点共 904 个,其中 632 个采样点进行建模,272 个采样点进行预测结果验证。本书通过数字高程数据计算坡度、坡向,从 Landsat TM 遥感影像中提取归一化植被指数、土壤调节植被指数、比值植被指数和差值植被指数,将 44 种土地利用类型重新划分为 11 类,将这些环境协变量用随机森林方法进行建模,从而预测富阳区土壤有机质含量及其空间分布,得到以下主要结论。

(1)随机森林模型的平均误差为−0.007(训练集)和−0.037(验证集),平均绝对误差为0.318(训练集)和0.807(验证集),均方根误差为0.424(训练集)和1.099(验证集),平均相对误差为0.065(训练集)和0.116(验证集)。

(2)富阳区土壤有机质含量大多集中在2~4g/kg之间,空间分布情况是西北、东南部的丘陵山地地区有机质含量高,中部平原地区有机质含量低。随机森林模型能在采样点较少的情况下较好地预测区域尺度上土壤有机质含量及其空间分布。

尽管随机森林模型预测效果较好,但若增加土壤采样点的数量,同时改善土壤采样点的空间分布,就能够进一步提高随机森林模型的拟合精度和预测精度。此外,在随机森林模型训练中实现多水平分类的环境协变量参与,提高随机森林模型的精度,这将是今后需要进一步探索的内容。

三、基于土壤—环境推理模型的土壤有机质数字制图

朱阿兴教授领导的团队(2005)利用GIS、模糊逻辑和专家知识建立了土壤—环境推理模型(soil-land inference model,SoLIM),其在美国威斯康星州的实验表明,SoLIM产生的土系图准确率为80%,而传统土系图准确率只有60%,且其普查速度比常规手段快10倍左右,而费用却比常规手段减少接近2/3。目前,SoLIM模型已经为美国农业部所采纳。

采用土壤—环境推理模型,选取适宜环境因子,利用SoLIM软件,对浙江省富阳区洞桥镇耕地有机质空间分布进行数字制图并进行制图验证,探讨其不确定性与制图精度,并与普通克里格方法制图结果进行比较,寻求提高耕地有机质数字制图效率和精度的方法,为揭示耕地有机质含量在连续空间上的变异规律提供理论基础。

(一)理论基础

1. 土壤—环境模型——土壤发生学

土壤—环境模型的基础是经典土壤发生学理论,19世纪末,此理论由俄国土壤学家V. V. Dokucharv创立,他认为,土壤并不孤立存在,而是自然地理条件同历史发展相互作用的产物。气候、成土母质、地形、生物和时间作为环境因子,相互之间差异明显且对土壤形成影响巨大,使得土壤分布在其影响下呈现明

显的差异。

其后,美国土壤学家 Jenny(1941)提出了著名的等式 S= $f(c,o,r,p,t)$,并视其为土壤发展的机械化模型。其中 S 代表土壤,c(也写作 cl)代表气候,o 代表包括人类活动在内的生物,r 代表地形,p 代表成土母质,t 代表时间,各个因素相互独立,说明如下。

(1)气候:气候条件变化,主要是降水及温度的变化,能够极大地影响植被的生长以及动物、微生物的活动,影响有机质的合成分解和分布变化。因而它对土壤物理、化学、生物过程起到决定性作用。然而,由于小范围区域内气候条件异质性不高,所以气候变化在此可以忽略。

(2)生物(除人类外):土壤及生活在其上的动植物之间的作用是相互的,一方面生活在土壤上的包括微生物在内的动植物能够对土壤的物理、化学性质产生影响;另一方面,土壤本身的性质,例如有机质含量,反过来也影响着其上植物的种类、分布,进而对动物的种类分布产生影响。因而通过植物的生长状况来预测土壤的属性是一种可行的办法,这也为其后运用遥感技术获取的植被信息进行土壤制图奠定了基础。

(3)人类:随着科学技术的发展以及人口数量的增加,人类活动对环境,尤其是土壤产生了巨大的影响。包括垦荒、灌溉、施肥在内的人类农业活动,不仅是单纯地改变土壤的环境条件,同时也会对其化学组成及物理性状产生影响。由于缺乏人类活动对土壤影响的定量描述,目前,土地利用现状是部分学者所认可的用于衡量人类活动对土壤状况的影响的主要因素,其数据主要来源于地区土地利用现状图(周银,2011)。

(4)地形:相同成土母质在不同地形的影响下,其地表物质和能量会发生流动,因而会导致土壤属性(或类型)在相邻位置、不同海拔、坡度上有明显的差别。目前,地形作为最能反映土壤分布差异的环境因素,被广泛地应用于数字土壤制图中,其中,海拔、坡向、坡度、剖面曲率、平面曲率和地形湿度指数等应用较多。

(5)成土母质:风化作用使得岩石破碎,理化性质发生改变,形成了结构疏松的风化壳,它的上部称为土壤母质,是土壤的初始状态,是土壤物质基础的来源。土壤在其他环境因子作用下土壤发生的物质流动,都只能改变极小部分土壤物质组成。成土母质包含大部分土壤信息,通常情况下,母质信息很难获取。国外有学者提出采用地质图和地貌图作为土壤母质的代表,用于土壤制图研究(Zhu et al.,1994)

(6)时间:时间对土壤的作用主要通过其他环境因子在一定时间内的改变间

接实现。然而,在实践中具体描述时间因子非常困难,并且在短时间内时间的影响程度不大,因而目前学界对这个因素的关注度较少,一般可以不计。

2. 推理模型——模糊逻辑

模糊逻辑指模仿人脑的不确定性概念判断、推理思维方式,对于模型未知或不能确定的描述系统,以及强非线性、大滞后的控制对象,应用模糊集合和模糊规则进行推理,表达过渡性界限或定性知识经验,模拟人脑方式,实行模糊综合判断,推理解决常规方法难于对付的规则型模糊信息问题。模糊逻辑在表达界限不清晰的定性知识与经验时有很大的优势,它借助于隶属度函数,区分模糊集合,处理模糊关系,以此模拟人脑实施规则型推理,解决因"排中律"的逻辑破缺产生的不确定问题 。

原有的逻辑多建立在二值逻辑的基础之上,因而难以对实践中许多模糊性的对象进行处理,该局限促成了能够对模糊性对象进行描述和处理的模糊逻辑及模糊数学的出现。1965 年美国数学家 L. Zadeh 提出了描述模糊性对象的数学模型,他把传统的只取 0 和 1 的普通集合概念推广到在[0,1]内取无穷多个值的模糊集合概念,并使用"隶属度"概念来刻画元素与集合之间的关系。

(二)研究数据

本研究的数据主要包括以下两个方面。

(1)富阳区洞桥镇的土壤实地采样数据,共 478 个野外采样点。选取其中 50%,即 239 个样点作为训练样本进行有机质空间分布预测,剩余 50% 作为检验样本对预测精度进行评价。

(2)富阳区洞桥镇的数字高程模型,从数字高程模型中提取高程、坡度、平面曲率、剖面曲率、地形湿度指数等作为环境因子,分析其与土壤有机质形成的关系,并对未知区域土壤有机质含量进行预测制图。

(三)研究方法

1. 环境因子的筛选与生成

已有研究表明,利用地形因子等在内的环境因子能够相对有效地对土壤属性(或类型)进行预测。土壤有机质作为各土壤属性(或类型)及其环境因子共同作用的结果,用其作为环境因子必然能够对其空间分布进行预测。在已经发表的研究中,有 80% 的研究者均采用地形作为主要环境因子之一,考虑到 Jenny

模型中,气候和时间因素在小范围区域内差异不大,并且经过预实验发现,加入成土母质、生物等环境因子预测得出的有机质分布图连续性有所降低,所以本文拟采用地形因子作为环境因子,对有机质空间分布进行预测制图。地形在土壤发生学层面意义重大,它直接决定了水分的分布、走势及表面物质的迁移和分配。地形因子种类很多,考虑到本文研究范围为洞桥镇镇域范围内所有耕地,尺度较小,因而选取高程、坡度、平面曲率、剖面曲率、地形湿度指数 5 个地形因子作为预测制图的环境因子(见图 3.10)。

高程是地面点沿铅垂线到大地水准面(在我国为黄海海平面)的距离(周启鸣等,2006)。它在一定程度上决定着地区内势能、地势起伏、气候以及植被类型,能对土壤属性(或类型)的分布产生显著的影响。目前,随着地理信息系统的完善和发展,数字高程模型(DEM)是使用最为广泛的描述高程的手段模型,它的基本数据类型为栅格数据。本章使用空间分辨率为 30m 的 DEM 图,研究区的高程范围为 27~702m(见图 3-10(a))。

坡度是地面点的法线方向与垂直方向的夹角,它能够反映地形的倾斜程度,并且直接影响着表层土壤的稳定程度和土壤表层水分的凝聚能力。本章使用ArcGIS 9.3 软件从 DEM 中提取坡度图,空间分辨率为 30m,数据类型为栅格数据,研究区的坡度范围为 0~52.52°(见图 3-10(b))。

平面曲率是指地面上任一点地表坡度的变化率;剖面曲率是地面上任一点位地表坡向的变化率,它用于衡量等高线的弯曲程度,能够表示出山地地表所有的山脊线和山谷线。本章使用 ArcGIS 9.3 软件从 DEM 中提取平面曲率、剖面曲率,空间分辨率为 30m,数据类型为栅格数据,研究区的平面曲率值范围为 $-0.65 \sim 0.72$(见图 3-10(c)),剖面曲率值范围为 $-0.0203 \sim 0.0151$(见图 3-10(d)),其值大于 0 为凸型坡,小于 0 为凹型坡。

地形湿度指数能够定量地模拟流域内土壤水分含量情况,因而对流域的土壤研究有重要的意义(秦承志等,2006)。本章使用 ArcGIS9.3 软件从 DEM 中提取地形湿度指数,空间分辨率为 30m,数据类型为栅格数据,由图 3-10(e)可知,地形湿度指数范围为 4.03~16.99。

使用 SoLIM Solutions 5.0 软件的 File Converter 将获得的高程、坡度、平面曲率、剖面曲率、地形湿度指数转为.3dr 格式。

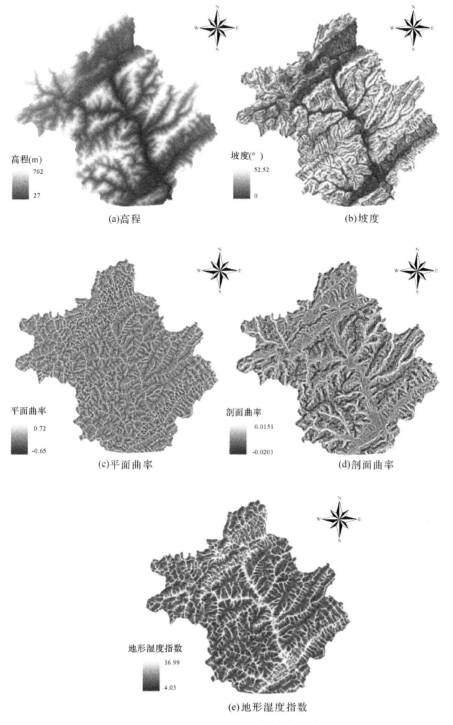

高程(m)
702
27
(a)高程

坡度(°)
52.52
0
(b)坡度

平面曲率
0.72
-0.65
(c)平面曲率

剖面曲率
0.0151
-0.0203
(d)剖面曲率

地形湿度指数
16.99
4.03
(e)地形湿度指数

图3.10　土壤环境因子空间分布

2. 基于土壤—环境推理模型的土壤有机质数字制图

(1)制图思路

土壤—环境推理模型认为,每个样点都可以看作包含特定土壤—环境关系的案例,具有一定的"个体代表性",能代表与之环境条件相似的地区,并且其代表程度能够通过两点间的环境相似情况度量。推测不确定性信息反映了样点集对待推测点的代表程度,即不确定性越低,说明样点集对待推测点的代表程度越高、推测结果的可靠程度也越高;反之,不确定性越高,推测结果的可靠程度就越低。在这一假设下,可通过降低推测不确定性,达到用尽可能少的样点最大程度提高推测精度的目的(Zhu et al.,2015)。

土壤相似度模型在空间上采用栅格数据表示,能够根据所需精度预设不同空间分辨率;此外,在属性上土壤相似度模型采用相似度表达,其理论基础为模糊数学,其基本思路为计算每个单元格所在区域的土壤属性(或类型)与各类典型土壤属性(或类型)的相似度并得到一组相似度向量 $S_{ij}=(S_{ij,1},S_{ij,2},\cdots,S_{ij,k},\cdots,S_{ij,n})$,$S_{ij,k}$ 为单元格(i,j)处的属性(或类型)对典型土壤属性(或类型)k的隶属度(即相似度),n为典型属性(或类型)的个数。将某一地区的土壤表示为一组单元格,每个单元格所在区域的土壤属性(或类型)均计算其隶属度(即相似度)向量,这样就使得某地的土壤被表示成为空间上和属性上都连续的面,因而土壤相似度模型能在很大程度上克服以往空间上的简化和不联系的问题(朱阿兴等,2005)。

在实际操作中,由于人力物力的限制,无法对选区内每个点的土壤进行采样研究,因而难以通过大面积土壤采样获取土壤性状信息计算隶属度向量,此时便需要一种更加有效的计算隶属度向量的方法——土壤—环境推理模型。根据土壤发生学理论,某地土壤是各环境因子共同作用的结果,其土壤属性(或类型)能够通过环境因子及土壤与环境因子之间的关系计算得出,这一过程可以表示为

$$E+f \geqslant s \tag{3.16}$$

式中,E为成土环境,f为土壤与成土环境之间的关系,s为土壤属性(或类型)。因而,本方法考虑用某地成土环境与典型成土环境之间的相似度来代替该地土壤属性(本研究中为土壤有机质)与典型土壤之间的相似度(朱阿兴等,2005)。

在实际操作中,式中的土壤—环境关系可以通过数据挖掘、神经网络计算、案例推理和专家知识获得(朱阿兴等,2005)。本研究区数据成熟,样点数量充足,主要采用案例推理的方法进行土壤有机质相似度计算,该方法认为每个样点都可以看作包含特定土壤—环境关系的案例,并且对与其环境状况相似地区的

土壤具有代表性(刘京等,2013)。刘京等(2013)提出了使用此方法进行土壤制图的具体思路:①选择适宜环境因子刻画采样点和待测点所处的环境条件并比较其相似程度,确定采样点对待测点的代表程度;②根据第一步推导出的代表程度(环境相似度)来计算推测结果的不确定性;③对于不确定性低于阈值的待测点,将代表程度(环境相似度)作为权重通过采样点土壤有机质含量计算待测点土壤有机质含量,反之,由于不确定性过高,即没有采样点与待测点环境状况相似,对于不确定性高于阈值的待测点,直接赋空值,最终得到土壤有机质空间分布图。

(2)制图方法

为了得到环境相似度向量 $S_{ij}=(S_{ij,1},S_{ij,2},\cdots,S_{ij,k},\cdots,S_{ij,n})$,式中 S_{ijk} 为待测点 (i,j) 与第 k 个样点之间环境的相似度,主要有以下几个步骤。

①环境条件刻画

在每个单元格用特征向量式 $e_{ij}=(e_{1,ij},e_{2,ij},\cdots e_{m,ij})$ 刻画其所在位置土壤成土环境,每个元素 $e_{v,ij}(v=1,2,\cdots,m)$ 是环境因子 v 在推测点 (i,j) 的特征值。

②单个环境因子相似度计算

计算每个单元格所在位置的成土环境 v 与样点 $k(k=1,2,\cdots,n;n$ 为样点个数)的成土环境 v 之间的相似度,相似度计算公式为

$$S_{v,(ij,k)}=E_v(e_{v,ij},e_{v,k}) \tag{3.17}$$

式中,$S_{ij,k}$ 为待测点 (i,j) 与第 k 个样点成土环境 v 之间的相似度;$e_{v,ij}$、$e_{v,k}$ 分别为成土环境 v 在待测点 (i,j) 处的特征值;E_v 为计算单个环境因子相似度的函数,其形式取决于环境因子 v 的类型:如果环境因子 v 的变量特征为名称向量或者序数向量,E_v 的函数类型可用布尔函数;如果环境因子 v 的数据类型为间隔量或者比率量,E_v 的函数类型可用距离函数(如高氏距离、马氏距离)(刘京等,2013)。本文所选环境因子为地形因子,因而选用距离函数中的高氏距离函数作为 E_v 的函数类型,生成单个环境因子相似度分布图。

③综合环境因子相似度计算

计算每个单元格所在位置成土环境与样点 $k(k=1,2,\cdots,n;n$ 为样点个数)成土环境之间的相似度,相似度计算公式为

$$S_{ij,k}=P_{v=1}(E_v(e_{v,ij},e_{v,k})) \tag{3.18}$$

式中,P 为综合各环境因子相似度得到待测点与采样点总体环境相似度的函数,它的形式取决于环境因子之间的关系,可选用的方法有最小限制因子法、加权平均法和基于规则的方法等(刘京等,2013)。本文采用最小限制因子法作为 P 的函数形式生成总体环境相似度图。使用模糊最小因子作为导出隶属度值的理由

基于这样一个假设,即土壤的形成是受最优环境因子(最小限制因子)控制的,因而需使用最优值中的最小值来代表隶属度值。虽然土壤成土因素之间的交互远比模糊最小因子复杂得多,但是,由于目前对此种交互认识有限,并且这类交互会因环境因子的不同而产生巨大的变化,因此,为了简化起见,此方法被应用到模拟限制因素的交互当中(Zhu et al.,1994)。

④不确定性计算及有机质分布制图

基于环境相似度向量,采用下式计算推测的不确定性

$$\text{Uncertainty}_{ij} = 1 - \max S_{ij} = (S_{ij,1}, S_{ij,2}, \cdots, S_{ij,n}) \tag{3.19}$$

其内涵为,选取对待测点(i,j)代表性最好的采样点进行不确定性计算,如果不确定性值高于设定值,即待测点与相似度最高的采样点之间的相似度也不够高,那么采样点对待测点(i,j)就不具有代表性,待测点有机质含量赋空值;反之,如果不确定性值低于设定值,即待测点与相似度最高的采样点之间的相似度较高,采样点对待测点(i,j)代表性较好,则通过线性加权的方式推测待测点土壤有机质含量,公式为

$$V_{ij} = S_{max}V_{max} + (1 - S_{max})\sum(S_{others}V_{others})/\sum S_{others} \tag{3.20}$$

式中,V_{ij}为待测点(i,j)土壤有机质含量值;S_{max}和V_{max}分别为代表性最好的采样点与待测点的环境相似度和土壤有机质含量;S_{others}和V_{others}分别为其他采样点与待测点的环境相似度和土壤有机质含量(刘京等,2013)。

(3)精度检验

为检验 SoLIM 方法预测精度,本章选取采样点的 50% 进行预测制图,其余 50% 用于精度检验。基于 SoLIM Solutions 5.0 在研究区内对土壤有机质含量进行预测,利用 ArcGIS 9.3 提取检验点位置上的预测值,与实测值进行比较,评价此方法的预测效果。评价的指标主要有平均绝对误差、平均误差、均方根误差和一致性系数,具体见公式 3.4~公式 3.6。

(四)结果分析

1. 单个环境因子相似度分布

图 3.11~图 3.15 分别为富阳区洞桥镇镇域范围内每个单元格所处位置与采样点 1 之间高程、坡度、平面曲率、剖面曲率、地形湿度指数相似度分布图。其中颜色越浅,相似度越高;颜色越深相似度越低。以图 3.11 为例,富阳区内每个单元格所处位置与采样点 1 之间的高程相似度范围为 0.05~1。图中深色区域

表示其中的单元格所处位置的高程与采样点高程之间相似度很低,高程值差异很大,浅色部分表示其中的单元格所处位置的高程与采样点之间的高程相似度很高,也就是高程值很接近。由图 3.11 可知,采样点 1 位于研究区南部,其所在区域高程值为 64,为区域内高程较低的点,与其地势相似的点主要分布在 A、B两个区域以及连接 A、B 呈条状并向其左右辐射的区域。

重复以上过程,直至研究区内每个单元格所处位置与所有采样点之间高程、坡度、平面曲率、剖面曲率、地形湿度指数相似度均计算完毕为止。

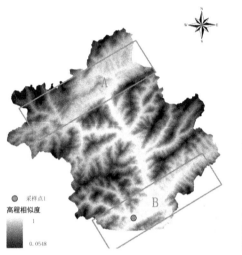

图 3.11　高程相似度

图 3.12　坡度相似度

图 3.13　平面曲率相似度

图 3.14　剖面曲率相似度

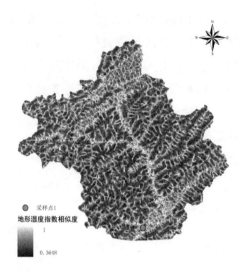

图 3.15　地形湿度指数相似度

2. 总体环境相似度分布

图 3.16 表示富阳区洞桥镇镇域范围内每个单元格(i,j)所在区域总体环境与采样点 1(图中红色点,请扫描书末二维码查看彩图)所处总体环境相似度分布图,相似度的范围为 0.05~1。其中,单元格颜色越浅,表示其所在区域总体环境与采样点 1 所处总体环境越相似;单元格颜色越深,表示其所在区域总体环境与采样点 1 所处总体环境差异越大。由图 3.16 可知,采样点 1 位于研究区南部,与其所处环境相似的点主要分布在 A、B 两个区域以及连接 A、B 呈条状并向其左右辐射的区域。

3. 土壤有机质含量分布

图 3.17 为研究区土壤有机质含量分布预测图,其含量为 0.27%~8.07%,其中颜色深的部分表示有机质含量较低,颜色浅的部分表示有机质含量较高。由图 3.17 可知,富阳区北部及其向西南部延伸的区域有机质含量较低,其值大约为 1%;与高程图对比发现,有机质含量较高的区域分布在高程值较高以及由高程较高区域向较低区域过度的地区,主要原因是土壤有机质是指土壤中含碳的有机化合物,植物残体是土壤中有机质的主要来源之一,而高山坡地上植物残体分布相对较多,有机质含量相对较高。与采样点 1 总体环境相似度较高的区域有机质含量大约为 3%。

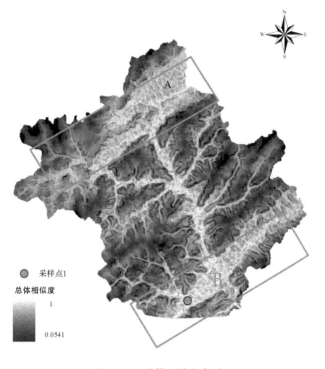

图 3.16　总体环境相似度

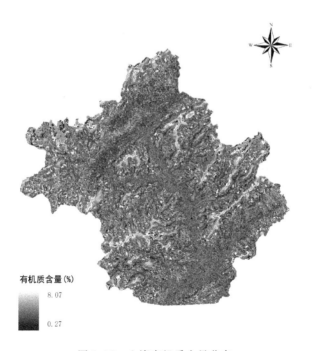

图 3.17　土壤有机质含量分布

4. 有机质预测不确定性分布

图 3.18 为富阳区内有机质预测不确定性分布图,其不确定性值的范围为 0～0.44,其含义为对于选区内所有单元格,其所处环境和与其相似度最高的采样点所处环境之间的相似度为 0.57～1。实验设置不确定性阈值为 0.30,即认为当不确定性高于 0.30 时,采样点对预测点的代表性不足。图中,颜色越深的区域所包含的单元格其预测值的不确定性越接近于 0,换句话说,存在与其所处环境相似度很高的采样点,其预测结果准确的可能性较高;反之,对于颜色越浅的区域所包含的单元格,其预测值的不确定性越接近于 1,即不存在与其所处环境相似度很高的采样点,其预测结果准确的可能性较低。由图 3.18 可知,A、B 两个区域以及连接 A、B 呈条状并向其左右辐射的区域不确定性较低,其他区域不确定性较高,造成这一现象的原因可能是不确定性比较低的区域采样点的分布比较密集,而不确定性较高的区域点采样点较少。

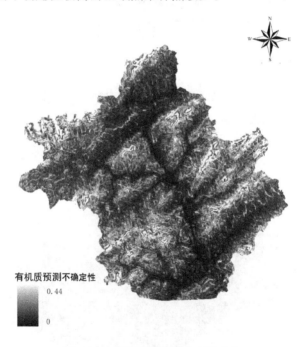

有机质预测不确定性

0.44

0

图 3.18 有机质预测不确定性分布

(五)精度评价与对比分析

1. 与普通克里格插值法对比

图 3.19 为采用 SoLIM 方法获得的土壤有机质含量分布预测图,图 3.20 为

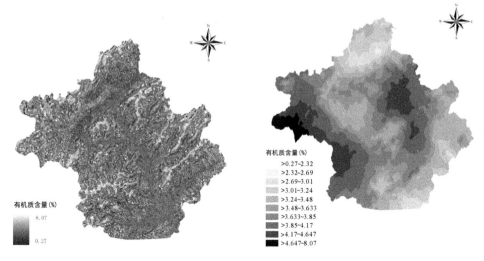

有机质含量(%)

有机质含量(%)
- >0.27~2.32
- >2.32~2.69
- >2.69~3.01
- >3.01~3.24
- >3.24~3.48
- >3.48~3.633
- >3.633~3.85
- >3.85~4.17
- >4.17~4.647
- >4.647~8.07

8.07

0.27

图 3.19　SoLIM 方法有机质含量分布　　　图 3.20　普通克里格插值法有机质含量分布

采用普通克里格插值法获得的土壤有机质含量分布预测图。由图可知,SoLIM
方法和普通克里格插值法对土壤有机质含量分布的预测大致相似,采用 SoLIM
方法得到的有机质含量跨度大于普通克里格插值法。

采用 MAE、ME、RMSE 和 AC 对 SoLIM 方法和普通克里格(Kriging)插值
法的预测精度在训练点个数分别为 239、62、35、9 的层面下进行评价、对比,结果
如表 3.12 和表 3.13 所示。

由表 3.12 和表 3.13 可知,总体而言,在训练点充足的情况下,使用 SoLIM
方法对土壤有机质空间分布预测制图的精度低于使用普通克里格插值法的精
度。出现这一现象的原因可能有以下几个方面:第一,环境因子对土壤有机质含
量分布所产生的影响难以衡量,两者之间关系模糊,因而在使用土壤—环境关系
进行预测时不可避免会产生误差;第二,采样点对不同梯度有机质含量成土环境
的代表性不足,分布不均。SoLIM 方法是建立在相似度的基础之上的,如果存
在与采样点所在位置成土环境相似度比较低的点,也就是采样点对研究区内部
分区域的代表性不足,使用这些点对研究区有机质含量进行预测时就会出现较
大的误差。

通过表 3.12 和表 3.13 的对比可以发现,在训练点数目为 239 个时,使用
SoLIM 方法进行土壤有机质预测制图的精度比使用普通克里格插值法的精度
低,尤其是 MAE 与 RMSE,其精度差距接近 50%;随着训练点数目的降低,这一
差距不断减小,当样点数目降至只有 9(或 10)个时,使用 SoLIM 方法的预测精

表 3.12 训练点数目不同情况下 SoLIM 方法和普通克里格插值法的预测精度

训练点数目（个）	指标	SoLIM	Kriging	降低百分比（%）
239	MAE	1.090555	0.737817	47.81
	ME	0.22333	0.20308	9.97
	RMSE	1.470146	1.033027	42.31
	AC	0.371506	0.378146	−1.76
62	MAE	1.100446	0.844675	30.28
	ME	0.14245	0.000871	16254.76
	RMSE	1.449733	1.152423	25.80
	AC	0.422993	0.383279	10.36
35	MAE	0.893105	0.763858	16.92
	ME	0.154867	0.064198	141.23
	RMSE	1.198084	1.05992	13.04
	AC	0.422509	0.266403	58.60
9(10)*	MAE	1.282362	1.300236	−1.37
	ME	0.05141	0.4393	−88.30
	RMSE	1.798871	1.634476	10.06
	AC	0.360987	0.385651	−6.40

* 克里格方法最少需要 10 个采样点，下同。

表 3.13 SoLIM 方法比普通克里格插值方法精度降低的百分比

训练点数目（个）	精度指标			
	MAE(%)	RMSE(%)	ME(%)	AC(%)
239	47.81	42.31	9.97	−1.76
62	30.28	25.80	16254.76	10.36
35	16.92	13.04	141.23	58.60
9(10)	−1.37	10.06	−88.30	−6.40

度超过了普通克里格插值法。单独观测 SoLIM 方法随训练点数目降低的变化可以发现，随着训练点数目的减少 SoLIM 方法的预测精度并未出现明显的下降，而普通克里格插值法预测精度与训练点数目呈正相关。出现这一现象的原因可能是使用 SoLIM 方法来推测研究区土壤有机质含量精确与否的关键在于采样点所代表区域的成土环境对研究区内所有点成土环境的代表性，而影响普通克里格插值法推测精确与否的关键在于采样点数目的多少。可以说，SoLIM 方法更加关注采样点的质量，而普通克里格插值法则更加关注采样点的数量。

2. 不同环境因子所得结果对比

在进行土壤有机质预测制图的过程中发现,当环境因子只有地形因子,即只有高程、坡度、平面曲率、剖面曲率和地形湿度指数时,预测图连续性较高;随着环境因子的增加(土地利用现状图、土壤类型图、地质图),预测图的连续性不断降低,出现大面积空值。为了对此现象进行分析,分别在环境因子为只有地形因子、加入土地利用现状因子和土壤属性(或类型)因子(分别用土地利用现状图和土壤类型图刻画)、再加入母质因子(用地质图刻画)这三种因子组合形式下对土壤有机质含量进行预测制图,并使用 MAE、ME、RMSE 和 AC 对结果进行精度检验,检验结果如表 3.14 所示。

表 3.14　选取不同环境因子情况下的预测精度(训练点数目为 239 个)

精度指标	环境因子		
	只有地形图	加入土地利用现状图和土壤类型图	再加入地质图[*]
MAE	1.090555	0.945948	0.834221
ME	0.22333	0.102845	3.498154
RMSE	1.470146	1.311811	1.097577
AC	0.371506	0.422345	0.466444
测试点空值率(%)	0	10.04	28.45

注:[*] 表示计算精度时忽略空值点。

由表 3.14 可知,随着环境因子的增加,由只有包括高程、坡度、平面曲率、剖面曲率、地形湿度指数在内的地形因子,增加到加入土地利用现状和土壤属性(或类型)因子,再到加入母质因子,在去除空值点对检验结果的影响之后发现,除 ME 以外,其他指标在一定程度上都有升高,总体而言,在不考虑空值率的情况下,精度是不断上升的。出现这一现象的原因可能是土地利用现状、土壤属性(或类型)和母质在有机质的形成过程中也会产生一定的作用,因而其空间上的不同也会引起有机质分布的变化。在加入这些环境因子之后,对单元格所代表区域成土环境刻画更加细致,采样点与推测点之间的相似程度比较更加细化,也就是说,在相似度一定的情况下,例如为 0.7,环境因子越多,实际两点之间的相似度越高。

然而,随着环境因子的增加,预测出现了空值点。出现空值点的原因是在 SoLIM 计算相似度的过程中,这些预测点与其相似度最高的采样点之间的相似度不达标,也就是没有对预测点有代表性的采样点,无法准确推断其实际的有机质含量。出现这个现象的原因可能有以下两个方面:第一,加入这些环境因子之后,模型对单元格所代表区域成土环境刻画更加细致,采样点与推测点之间的相似程度比较更加细化,使得部分在原本环境因子刻画下相似度高的点之间相似程度下降,采样点对预测点的代表性降低;第二,在新加入的环境因子(土地利用现状、土壤类型、母质)变化明显的区域,不同梯度值采样点的分布不均,或缺少采样点,使得对成土环境的刻画不完善,在研究区内对部分区域环境刻画出现缺失。

(六)结论和讨论

1. 结　论

(1)与普通克里格方法相比,随着样点数目的减少,使用 SoLIM 进行土壤有机质预测的精度并未出现明显下降。在训练点充足的情况下,使用 SoLIM 方法对土壤有机质空间分布预测制图的精度低于使用普通克里格的精度。随着训练点数目的减少,使用 SoLIM 进行土壤有机质预测的精度并未出现明显的下降,而普通克里格法的预测精度与训练点数目呈正相关,当训练点数目下降到一定程度,SoLIM 方法的预测精度可超过普通克里格法。换句话说,在采样点数目较少的情况下,使用 SoLIM 方法进行土壤有机质预测的效果优于普通克里格法。可以说,SoLIM 方法更加关注采样点的质量,而普通克里格法则更加关注采样点的数量。

(2)随着环境因子的增加,使用 SoLIM 进行土壤有机质预测的精度上升,连续性下降。在训练点数目一定的情况下,随着环境因子的增加,即从只有地形因子(高程、坡度、平面曲率、剖面曲率以及地形湿度指数),增加到有地形因子和其他因子(土地利用状况、土壤类型),最后到有地形因子、母质因子(地质图)和其他因子,SoLIM 方法的精度在不断提高。然而,伴随精度的提高,土壤有机质分布图的空值率上升,连续性下降,需更深入的研究以改进这一缺陷。

(3)SoLIM 提供了一种能够减少采样数据、提高制图效率和保证土壤有机质制图精度的方法。与其他方法相比,随着训练点数目的减少,SoLIM 方法的预测精度并未出现大幅度下降,并且由于其综合了相对容易获取的环境因子以及较少的采样点信息,能够大大节省人力、物力,减少时间的投入。

首先,筛选环境因子并获取相关数据,对研究区进行数据采样;其次,计算预测点与采样点之间总体环境相似度;最后,根据环境相似度计算不确定性,预测有机质含量,进行数字制图。

2. 讨论与展望

(1)可预先对各环境因子之间的相关性进行分析以提高精度。研究发现增加环境因子的数量能够有效提高制图精度,因而,可在选取环境因子时对其进行相关性分析,选取其中相互关系明显且对有机质形成具有较好指示作用的环境因子进行制图。然而,随着环境因子数量的增加,预测空值率也在不断增大,这一问题可通过对采样方法的改进来改善。

(2)可采用目的性采样以提高精度、降低空值率。由于 SoLIM 方法对样点质量要求较高,与其盲目大量采样不如预先通过分析选取研究区内环境具有代表性的区域进行有目的的采样。理论上说,由于目的性采样所获取的样点代表性更强,此方法可能能够带来三个方面的改进:首先,它可以降低大量采样带来的人力、物力、时间的消耗;其次,此法也能在很大程度上提高制图精度;最后,此方法包含覆盖范围更广的环境组合,能够有效降低空值率。

第三节　耕地土壤综合肥力制图

一、基于最小数据集法的土壤综合肥力制图

客观准确的肥力评价不仅需要对研究区域进行了解,方便选择合适的肥力指标,还需要大量的客观数据支持,从而避免主观评价的片面性。本节基于大量野外实地采样数据,选择需要大量数据支持的主成分分析法,对上节选取的指标分析处理,最终确定土壤综合肥力指数。

首先利用 ArcGIS 9.3 提取各指标中坐标位置相同的样点;然后利用隶属度函数对各指标数据做归一化处理,使之可以在同一标准内评价;最后利用 SPSS Statistics 19 对数据进行主成分分析,选取最佳肥力指标组成最小数据集,并对各指标权重赋值,加权得到研究区耕地土壤综合肥力指数。

(一)研究数据

分析野外采样数据,选取各肥力指标地理位置相同的采样点。利用 ArcGIS 9.3 软件矢量分析模块中的空间连接功能,依次将全氮、全磷、全钾、速效钾、pH、有机质、阳离子交换量等 12 个指标数据集合成,得到地理位置相同的点,删

除不需要的数据项。提取的采样点数据如图 3.21 所示。

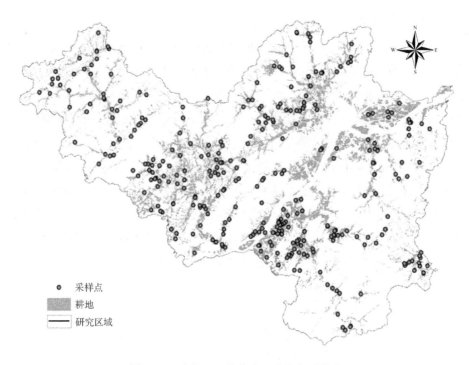

图 3.21　富阳区土壤综合肥力指标采样点

(二)研究方法

1. 数据标准化处理

由于各肥力指标数据量纲不同,无法衡量各指标对土壤综合肥力的影响大小,故需首先对数据进行标准化处理,本研究引入模糊数学方法(Lowen,1998),通过建立模糊综合评价模型对数据做标准化处理。

土壤中某一肥力指标不会无限制地对农作物生长产生促进作用,当达到一定水平后,该指标产生的促进作用趋于稳定,作物产量不再因该指标值增加而提高;另外,某些指标超过某一阈值还会抑制作物生长,农作物随该指标值增加而受到抑制。通过对比国内外学者的相关研究,结合研究区农作物生产情况,确定各参评指标的隶属度函数,计算隶属度值(周勇等,2001;吕晓男等,2000)。借鉴前人的研究成果,为简便计算,把曲线函数转化为相应的折线以利计算(孙波,1995;吕新等,2004)。土壤肥力指标的隶属度函数主要包括两种:抛物线型隶属度函数和 S 型隶属度函数。

（1）抛物线型（梯形）隶属度函数。符合抛物线型隶属度函数的指标效用随观测值增加而升高，达到最高水平后逐渐降低，呈现明显的抛物线型分布形态。其隶属度函数为

$$f(x)=\begin{cases} -0.9(x-x_4)/(x_4-x_3)+0.1, & x_3<x\leqslant x_4, \\ 1.0, & x_2<x\leqslant x_3, \\ 0.9(x-x_1)/(x_2-x_1)+0.1, & x_1\leqslant x\leqslant x_2, \\ 0.1, & x<x_1 \text{ 或 } x>x_4 \end{cases} \quad (3.21)$$

（2）S型（正相关型）隶属度函数。符合S型隶属度函数的指标效用随观测值增加而升高，达到最高水平后保持不变，观测值的增加不再对指标效用产生影响。其隶属度函数为

$$f(x)=\begin{cases} 1.0, & x\geqslant x_2, \\ 0.9(x-x_1)/(x_2-x_1)+0.1, & x_1\leqslant x<x_2, \\ 0.1, & x<x_1 \end{cases} \quad (3.22)$$

本章结合当地作物的实际生产情况和土壤资料，参考前人研究成果，利用特尔斐法确定函数中转折点的取值。

2. 挑选最小数据集指标

对于特定区域土壤肥力的评价，由于肥力指标数据的复杂性、数据获取的技术和成本限制，对所有肥力指标野外采样不切实际。故需选用科学合理的程序和标准，从大量肥力指标中选出多个能最大限度代表所有指标的最小数据集（minimum data set，MDS）（Doran et al.，1996）。

主成分分析法（principal component analysis，PCA）是通过对大量肥力指标数据的一系列分析，提取出数量有限的多个肥力指标代表全部指标数据进行综合分析的一种多元统计分析方法。主成分分析法能有效减少数据冗余和肥力指标数据，在土壤肥力综合评价中应用广泛（吴玉红等，2010）。

目前利用主成分分析法评价土壤肥力主要根据一个主成分上的旋转因子载荷的大小选取，容易造成信息丢失（Shukla et al.，2006；Gil-Sotres et al.，2005）。为有效克服信息丢失和冗余问题，利用前人的研究成果，引入变量的Norm值筛选MDS指标（Yemefack et al.，2006），筛选过程如下。

（1）计算Norm值：Norm值主要表示单一肥力指标在其主成分上的重要性，其值越大，则表明其解释综合信息的能力越强。Norm值的计算公式为

$$N_{ik}=\sqrt{\sum_i^k (u_{ik}^2 \lambda_k)} \quad (3.23)$$

式中，N_{ik} 为第 i 个变量在特征值≥1 的前 k 个主成分上的综合载荷；λ_k 为第 k 个主成分的特征值；u_{ik} 为第 i 个变量在第 k 个主成分上的载荷。

（2）根据 Norm 值筛选：将每个主成分中因子载荷≥0.5 的指标划分为一个组，并计算 Norm 值。将每组中 Norm 值在最高 Norm 值 10% 范围内的肥力指标选入 MDS，不符合要求则被剔除。

（3）根据相关系数筛选：对比每组指标间的相关系数，若指标间高度相关（$r>0.5$），则选取 Norm 值最高的进入最终的 MDS。若相关性很低，则全部进入最终的 MDS。

（4）根据变异系数筛选：入选最小数据集的肥力指标应符合稳定性、空间差异性等原则，定量评价土壤肥力宜选择中高度敏感的指标，以变异系数 10% 为不敏感界限，若肥力指标变异系数小于 10% 则被剔除，否则入选最小数据集。

3. 土壤综合肥力指数

土壤综合肥力指数（integrated soil fertility indices，IFI）主要反映富阳区耕地土壤肥力的大小，用以表征不同地块间土壤肥力的差异。由于各指标均进行标准化处理，本文中得到的土壤综合肥力指数为相对肥力大小。采用加权指数和法来确定土壤综合肥力指数，其公式为

$$\text{IFI} = \sum F_i \times W_i \tag{3.24}$$

式中，IFI 为土壤综合肥力指数；F_i 为 MDS 中第 i 个指标的隶属度；W_i 为第 i 个指标的权重。

基于土壤肥力各指标间的关系，利用 PCA 法得到的各指标的公因子方差，通过计算各指标公因子方差占公因子方差总和的百分数，得到 MDS 中各指标的权重值。

4. 普通克里格插值

根据公因子方差确定的权重，计算得出全部样点的土壤综合肥力指数，利用 SPSS Statistics 19 软件做描述统计分析，检查异常值，进行正态分布检验及转换，利用 GS＋软件做地统计分析，以半方差函数确定的参数为基础，利用 ArcGIS 9.3 对土壤综合肥力指数进行普通克里格插值，得到富阳区耕地土壤综合肥力图，并对制图精度进行检验。

（三）结果分析

1. 数据处理结果

由于单项指标因作物类型和土壤的不同而存在明显差异，根据隶属度函数计算各指标隶属度值，可以得到统一量纲的指标数据集。确定对 pH 建立抛物线型隶属度函数，其余指标均建立 S 型隶属度函数（见表 3.15）。

表 3.15　S 型和抛物线型隶属度函数折线转折点取值

转折点	全氮（%）	全磷（%）	全钾（%）	碱解氮（mg/kg）	有效磷（mg/kg）	速效钾（mg/kg）	容重（g/cm³）	有机质（%）	阳离子交换量（cmol/kg）	耕层厚度（cm）	pH
x_1	0.10	0.05	1.20	130	30	40	1.05	2.00	7.00	15	—
x_2	0.25	0.10	3.00	170	120	180	1.15	4.50	17.00	18	—
x_1	—	—	—	—	—	—	—	—	—	—	4.5
x_2	—	—	—	—	—	—	—	—	—	—	5.5
x_3	—	—	—	—	—	—	—	—	—	—	6.5
x_4	—	—	—	—	—	—	—	—	—	—	8

2. 最小数据集结果分析

使用 SPSS Statistics 19.0 软件对全氮等 11 个土壤肥力指标做主成分分析，筛选出能够独立敏感的反映土壤综合肥力大小的富阳区耕地土壤肥力评价指标最小数据集（MDS）。对所测 11 个肥力指标进行主成分分析（见表 3.16），结果表明特征值大于等于 1 的 PC 有 5 个，累积贡献率为 83.496%，能够解释较多的变异性。

将每个主成分中因子载荷大于等于 0.5 的指标划分为一个组，由表 3.16 可知，共分为 5 组：第 1 组包括全氮、全磷、阳离子交换量、有机质；第 2 组包括容重和耕层厚度；第 3 组包括全钾和速效钾；第 4 组为碱解氮；第 5 组为有效磷。将每组中 Norm 值在最高 Norm 值的 10% 范围内的肥力指标选入 MDS，不符合要求则被剔除。检验可知，每组中指标均符合该条件，故无指标被剔除。

表 3.16　各肥力指标主成分因子载荷矩阵、半方差函数、公因子方差、权重及 Norm 值

肥力指标	分组	主成分					变异系数	公因子方差	权重	Norm 值
		PC-1	PC-2	PC-3	PC-4	PC-5				
全氮	1	0.928	−0.174	−0.036	−0.079	−0.029	28.703	0.899	0.187	1.594
全磷	1	0.620	0.154	0.048	0.183	−0.062	33.725	0.448	—	1.098
全钾	3	−0.028	0.411	0.740	0.145	−0.033	31.501	0.740	0.154	1.113
速效钾	3	0.041	−0.145	0.685	−0.390	0.204	59.253	0.685	0.143	1.044
pH	5	0.215	0.295	−0.419	0.311	0.504	17.110	0.659	0.137	1.024
CEC	1	0.608	0.223	−0.005	−0.140	0.258	28.825	0.506	0.105	1.126
SOM	1	0.857	−0.250	0.088	−0.171	−0.019	30.067	0.834	—	1.510
碱解氮	4	0.287	0.475	0.228	0.590	−0.122	10.247	0.723	0.151	1.119
有效磷	5	−0.276	−0.200	0.245	0.298	0.571	51.179	0.591	0.123	0.973
容重	2	0.061	−0.522	0.103	0.508	−0.441	3.014	0.740	—	1.070
耕层厚度	2	−0.086	0.707	−0.109	−0.306	−0.312	5.304	0.711	—	1.095
主成分特征值		2.876	1.790	1.646	1.455	1.309				
主成分贡献率（%）		26.345	16.469	15.159	13.425	12.097				
主成分累积贡献率（%）		26.345	42.814	57.973	71.399	83.496				

表 3.17　各肥力指标的相关系数矩阵

指标	全氮	全磷	全钾	碱解氮	pH	阳离子交换量	有机质	有效氮	有效磷	容重	耕层厚度
全氮	1.000										
全磷	0.563**	1.000									
全钾	-0.090	0.007	1.000								
碱解氮	-0.013	0.028	0.232**	1.000							
pH	0.100	0.135*	-0.070	-0.139*	1.000						
阳离子交换量	0.433**	0.211**	0.043	0.058	0.196**	1.000					
有机质	0.907**	0.353**	-0.033	0.096	-0.001	0.344**	1.000				
有效氮	0.134*	0.238**	0.265**	-0.096	0.115*	0.156**	0.069	1.000			
有效磷	-0.184**	-0.062	0.071	0.011	-0.061	-0.166**	-0.125	-0.049	1.000		
容重	0.070	0.044	-0.019	-0.024	-0.077	-0.095	0.053	0.012	-0.019	1.000	
耕层厚度	-0.117*	0.077	0.136*	-0.120*	-0.005	0.017	-0.136*	0.053	-0.154**	-0.274**	1.000

注：* 表示在 0.05 水平上显著相关；** 表示在 0.01 水平上显著相关。

由各指标相关系数表（见表 3.17）对比发现，第 1 组全氮与全磷、有机质含量高度相关，且全氮的 Norm 值最高，故排除全磷与有机质含量，其余各组指标间相关度较低。以变异系数 10% 为不敏感界限，容重和耕层厚度因变异系数小于 10% 被排除。综上，最终进入 MDS 的肥力指标有全氮、全钾、碱解氮、有效磷、速效钾、pH、阳离子交换量。

3. 土壤综合肥力指数及其统计分析

根据土壤综合肥力指数公式，计算 339 个采样点的综合肥力值。基于 ArcGIS 9.3 软件，将采样点重新导入到坐标系统内，方便进行普通克里格插值。

利用 SPSS Statistics 19 软件做描述统计分析发现，富阳区耕地土壤综合肥力指数的取值范围为 0.185～0.828，平均值为 0.488，标准差为 0.127，变异系数为 26.00%，属于中等变异；峰度为 -0.505，偏度为 0.122，3S 检验发现无异常值；K-S 非参数检验后的显著性水平为 0.687，数据符合正态分布，无需做任何数据转换。

将采样点数据导入 GS+ 软件中做地统计分析，并在 Excel 中生成半方差函数变异图（见图 3.22）。

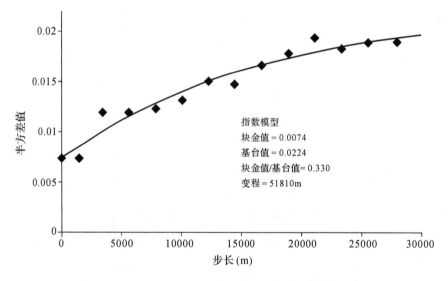

图 3.22　土壤综合肥力指数半方差函数变异情况

土壤综合肥力指数半方差函数为指数模型，块金值为 0.0074，表示实验操作等系统管理误差带来的影响；基台值为 0.0224，表示随距离增加半方差最后达到的稳定值；块金值与基台值的比为 0.330，说明综合肥力数据属于中等程度的空间自相关;由于在县级尺度上的耕地上采样,综合肥力数据的变程较大(51810m);决定系数为0.850,残差平方和为$9.28×10^{-6}$,表明模型预测精度较高,可以将参数用于普通克里格插值。

4. 结果分析及精度验证

以半方差函数确定的参数为基础,利用 ArcGIS 9.3 对土壤综合肥力做普通克里格插值。选取20%的样点用于精度检验,得到富阳区耕地土壤综合肥力图(见图3.23)。

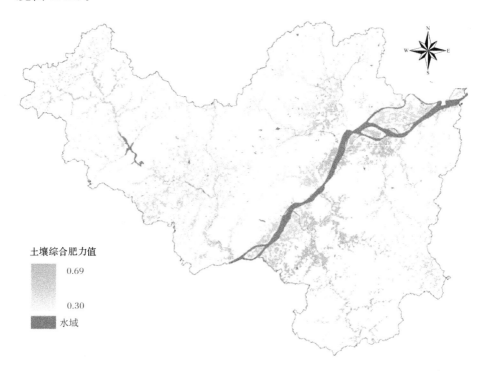

土壤综合肥力值

0.69

0.30

水域

图 3.23 富阳区耕地土壤综合肥力分析

在图3.23中,颜色越深则耕地土壤肥力值越高,蓝色部分表示研究区内水域。由图可知,沿富春江及其支流的耕地土壤肥力较高,随与水域距离的增加,耕地肥力逐渐下降。土壤肥力的取值在0.30到0.69之间,总体分布平稳,土壤肥力较高的耕地大多集中在中部平原地区。精度检验结果显示平均绝对误差为0.076,均方根误差为0.096,一致性系数为0.787,预测图具有较高精度。

（四）小　结

首先选取样点数据集，并对其做标准化处理，然后通过主成分分析和各指标相关性分析剔除不合格指标，最终得到最小数据集，包括全氮、全钾、碱解氮、有效磷、速效钾、pH、阳离子交换量，其次利用公因子方差得到各指标权重求出土壤综合肥力指数，并对其进行描述性统计分析及地统计分析，最后通过克里格插值法得到富阳区耕地土壤综合肥力图。

使用该方法得到的土壤肥力图主要基于采样点数据间的空间自相关性，插值结果的精度主要依赖于采样点数据的准确度，普通克里格插值法作为比较成熟的插值方法，在空间插值上得到广泛研究及应用，一定程度上确保了插值精度。选用本节得到的土壤肥力图与下文其他方法插值图对比分析，判断其他方法制图效果及精度。以本节得到的土壤综合肥力指数为基础，为本章其他制图方法提供数据支持。

二、基于模糊聚类法的土壤综合肥力制图

本章以土壤发生学为理论基础，选取与土壤肥力有关的高程、坡度、平面曲率、剖面曲率、归一化植被指数、比值植被指数、土地利用现状、土壤类型等环境因子，利用模糊 c 均值聚类获取环境指标与土壤肥力之间的组合关系，进而确定环境组合的隶属度，最后对富阳区耕地土壤肥力预测制图。

（一）理论基础

土壤形成因素学说最早由俄国土壤学家 V. V. Dokuchaev 于 19 世纪末创立，V. V. Dokuchaev 认为土壤是复杂综合体，不可能由单一因子影响形成。土壤形成环境中的母质、气候、生物、地形和时间等环境因子共同作用、同时存在、同等重要和不可替代地参与了土壤的形成过程，由于这 5 种环境因子空间差异明显，受其影响形成的土壤在分布上呈现明显的区域性。美国著名土壤学家 Jenny（1941）提出了与 V. V. Dokuchaev 相似的土壤发生学理论，该理论认为土壤是气候、生物、地形、母质经过长期相互作用的产物，可用"clorpt"函数式表示

$$S = f(cl, o, r, p, t, \cdots) \tag{3.25}$$

式中，S 表示土壤；cl 表示气候；o 表示生物，包括人类；r 表示地形；p 表示母质；t 表示时间；省略号为其他尚未确定的因素。土壤肥力作为土壤供养农作物能力的参数，必然受到土壤形成中诸多环境因素的影响。

（二）环境因子选择

目前国内外已有大量研究利用地形因子等环境要素预测土壤属性，并取得了很好的预测效果。环境因子可以预测多种土壤属性，而土壤肥力是土壤多种属性共同作用的结果，那么环境因子必然可以预测土壤肥力。本章以土壤发生学和土壤景观模型为理论基础，从气候、地形地貌、生物、时间、成土母质等环境影响因素中选取高程、坡度、平面曲率、剖面曲率、地形湿度指数、归一化植被指数、比值植被指数、土地利用类型、土壤类型等 9 个环境因子预测土壤综合肥力。研究范围为富阳区全部耕地，研究区内气候和时间因素作用趋于一致，故本章暂不考虑该因素。

1. 地形因子

根据前人的研究成果，结合研究区实际情况，选取地形因子中高程、坡度、平面曲率、剖面曲率、地形湿度指数共 5 个环境因子。在 ArcGIS 9.3 软件中选用空间分析模块工具生成坡度、平面曲率和剖面曲率，并对研究区耕地做掩膜处理，得到富阳区耕地地形因子图（见图 3.24）。其中平面曲率和剖面曲率大于 0 为凸型坡，小于 0 为凹型坡。

为避免地形湿度指数在宽阔平缓河谷地区误差带来较大的影响，采用 SoLIM Solutions 软件计算，计算公式为

$$TWI = \ln(\partial / \tan \beta) \tag{3.26}$$

式中，∂ 表示单位等高线长度上的汇水面积；β 表示地形坡度。计算完成后经过数据格式转换，在 ArcGIS 9.3 中成图（见图 3.24(e)）。

2. 遥感数据

遥感影像预处理主要包括几何校正、图像配准、光谱归一化等环节。其中图像配准是数据预处理中重要的环节，其过程是将两幅图像进行空间对准，在经过几何纠正、消除系统误差的基础上，通过选取明显地理位置的控制点，将图像投影到同一地面坐标系统。

本章选用 2010 年 4 月的 TM 影像，以 1∶50000 地形图为参照，在 ArcGIS 9.3 软件平台上，寻找若干控制点对图像进行配准。在 ENVI 4.7 软件中以富阳区行政区划图做掩膜处理，裁剪出富阳区 TM 遥感影像图（见图 3.25）。

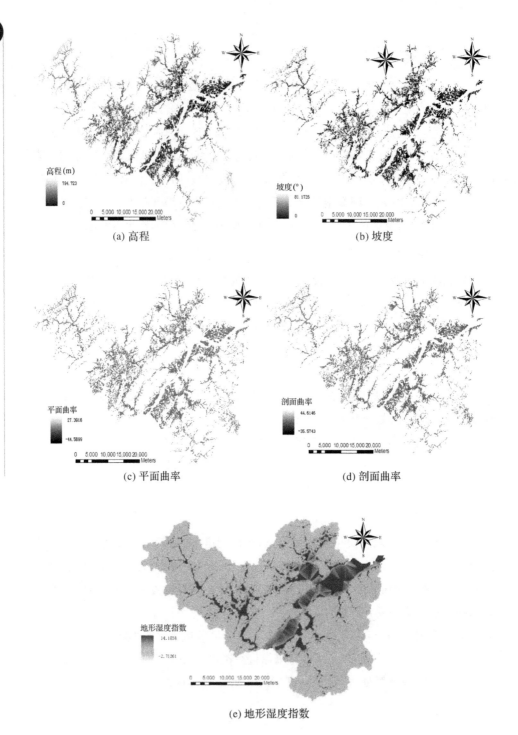

(a) 高程   (b) 坡度

(c) 平面曲率   (d) 剖面曲率

(e) 地形湿度指数

图 3.24　富阳区耕地地形因子

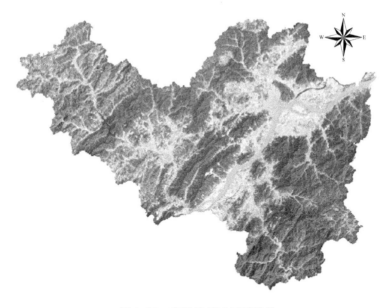

图 3.25　富阳区 TM 遥感影像

　　通过遥感影像提取的植被指数可以快速、大范围地获取植被信息,本章在 ENVI 4.7 软件中提取归一化植被指数图(见图 3.26)和比值植被指数图(见图 3.27)。

归一化植被指数

0.67

-0.47

图 3.26　富阳区归一化植被指数

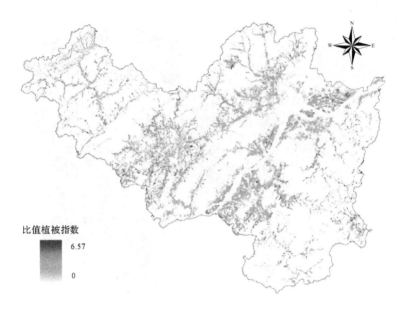

图 3.27　富阳区比值植被指数

3. 土地利用类型

富阳区耕地土地利用类型包括水田、旱地、望天田和菜地四类,由土地利用现状矢量图提取各耕地土地利用类型,组合为土地利用现状图(见图 3.28)。由图可知,水田是富阳区耕地主要土地利用类型,且分布特点明显,主要沿河流水域呈条带状分布,其他类型耕地散落在离水域较远的地区。为方便土壤聚类和统计分析,将各土地利用类型编号如表 3.18 所示。

表 3.18　富阳区耕地土地利用类型编号

编号	土地利用类型	编号	土地利用类型
0	望天田	2	菜地
1	水田	3	旱地

4. 土壤类型

土壤类型资料来源于第二次土壤普查制作的 1∶50000 地形图,在 ArcGIS 9.3 中利用空间分析模块的 Intersect 工具,获得耕地与土壤类型图的交集,得到研究区耕地土壤类型图(如图 3.29 所示)。由于富阳区土壤类型繁多,用土壤亚类代替土属作为环境因子,由图可知,黄红壤、红壤、潴育型水稻土等分布广泛,是富阳区主要土壤类型,为方便土壤聚类和统计分析,将各土壤类型编号如表 3.19 所示。

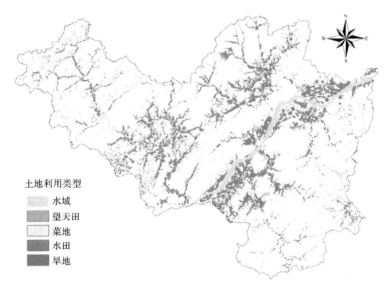

图 3.28　富阳区土地利用类型

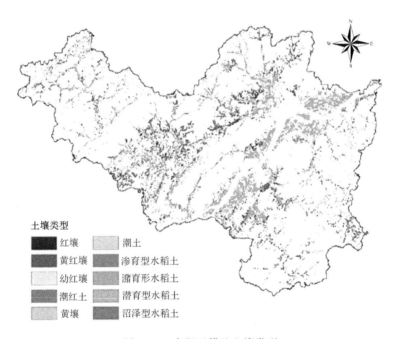

图 3.29　富阳区耕地土壤类型

表 3.19　富阳区耕地土壤类型编号

编号	土壤类型	编号	土壤类型
1	红壤	6	潮土
2	黄红壤	7	渗育型水稻土
3	幼红壤	8	潴育型水稻土
4	潮红土	9	潜育型水稻土
5	黄壤	10	沼泽型水稻土

（三）研究方法

本章基于模糊 c 均值聚类对耕地土壤肥力数字制图,首先建立环境因子库,选取高程、坡度、平面曲率、剖面曲率、地形湿度指数、归一化植被指数、比值植被指数、土地利用现状、土壤类型等 9 个环境因子,对数据进行离群值检查和处理,然后利用模糊 c 均值聚类获取环境因子组合,确定隶属度函数及其环境因子组合的土壤肥力值,最后加权平均得到土壤综合肥力图。

1. 研究数据及预处理

根据土壤发生学理论,选用地形、遥感、土地利用类型、土壤类型等共 9 个环境因子,基于本章 1.1 节得到的土壤综合肥力指数得到的样点数据,提取对应位置上的环境因子数据,组成环境因子数据集。由于模糊 c 均值聚类对数据离群值较为敏感,从而显著影响聚类结果,应在聚类前对数据做描述统计分析,去除离群值。

2. 模糊 c 均值聚类

模糊聚类作为非监督分类方法的一种,主要根据分类对象诸多属性在空间上按距离大小自动分类,从而得到各聚类类别与其聚类中心的隶属度。与传统模型不同,模糊隶属度的加入取代了传统模型中 0 和 1 的绝对分界。经过这种方法的改进,可以更好地反映土壤在地理空间上属性的连续性变化,反映土壤系统变化的特性(朱阿兴等,2005)。

本章将模糊聚类用于土壤综合肥力制图研究中,通过利用模糊 c 均值聚类方法对环境因子样点数据进行聚类分析,得到典型环境组合,并建立与土壤肥力的关系,利用已得到的土壤综合肥力指数,对隶属度函数赋值,最后线性加权得到研究区土壤综合肥力分布图。

本章采用模糊 c 均值聚类方法进行聚类分析,其基本过程是首先利用统计分析方法计算各环境因子空间距离,根据环境因子差异性得到不同的环境因子组合,确保每个数据点距离自己所属环境组合的中心点最近,然后得到各个数据点的隶属度并进行加权,最终达到每个环境组合内的加权误差平方和最小,从而确定环境因子组合及其隶属度函数。模糊 c 均值聚类通过以下方程确定聚类中心和每个数据点的隶属度(Bezdek et al.,1984):

$$C_m(U,v) = \sum_{j=1}^{n} \sum_{i=1}^{c} ((u_{ij})^2 \lambda_{ij}^2) \tag{3.27}$$

$$\lambda_{ij}^2 = \| \mu_k - v_i \|_A^2 = (\mu_k - v_i)^{\tau} A(\mu_k - v_i) \tag{3.28}$$

式中,C_m 表示加权模糊分类误差;U 表示隶属度矩阵;v 表示聚类中心集合;n 表示环境因子的个数;c 表示聚类后的类别数;λ_{ij} 表示数据点到分类中心的加权距离;μ_k 表示各个数据点;u_{ij} 表示第 i 个数据点属于第 j 类的隶属度;A 表示距离权重矩阵。

C_m 的值随聚类效果的改善而降低,达到最小值时,为所有环境因子的最佳模糊聚类。此时,每个样本点与各自的聚类中心距离和最小,模糊 c 均值聚类要求样本对各个聚类的隶属度之和为 1(高新波,2004)。

3. 聚类参数

模糊 c 均值聚类中最重要的两个参数是最优类别数 c 和模糊权重 m,两者的选择对模糊聚类结果有直接影响。为寻求最优聚类结果,确定最优类别数 c,杨琳等(2007)引入了分割系数(F)和熵(H):

$$F(\mu') = \sum_{j=1}^{n} \sum_{i=1}^{c} (\mu'_{ij})^2 / n \tag{3.29}$$

$$H(\mu') = - \sum_{j=1}^{n} \sum_{i=1}^{c} (u'_{ij} \log_a (u'_{ij})) / n \tag{3.30}$$

式中,F 表示模糊聚类类别间的重叠度,H 表示类别的模糊度,一般情况下,聚类增加,H 增加而 F 减小。当 F 的变化量和 H 的变化量趋于稳定时,对应的最优类别数 c 为最佳,此时聚类结果最好。在同一 m 下可能不止一个 c,最优类别数随模糊权重 m 的改变而改变,最终的 c 可定为在多个模糊权重中出现次数最多的最优类别数。根据 F 和 H 的变化量情况,得到 c 为 12(类别数在确定 $m=2$ 的前提下确定)。

聚类的模糊度由模糊权重 $m(m \geqslant 1)$ 控制,$m=1$ 表示全部划归为一类,没有现实意义,故 m 越接近于 1,聚类结果的类别越小,聚类结果越明确,其现实意义越小;反之,当 m 值过大时,聚类结果类别过多,类别间重叠过多,分界模糊。一般认为，m 取值在 1 到 30 之间，实验研究多取值在 1 到 3 之间（赵量等，2007）。国外学者经过聚类有效性实验验证得出 m 的最佳取值为[1.5,2.5]，若无特别要求，可选用中值（Pal et al.,1995），本章选择模糊权重 $m=2$。

4. 典型环境组合赋值

为避免离群值对模糊聚类结果产生影响，首先对各环境因子数据进行处理，然后对环境因子做模糊 c 均值聚类，根据聚类结果得到所有典型样点对 12 个环境组合的隶属度，并对样点的隶属度做统计分析。选取隶属度较高的样点的土壤肥力平均值作为该环境组合的隶属度，若该环境因子每个样点的隶属度都较低，则结合隶属度较高样点土壤肥力及专家经验为其赋值，得到 12 个环境组合的土壤综合肥力值。

5. 土壤肥力成图及精度检验

基于模糊 c 均值聚类对采样点的聚类结果，对采样点的模糊隶属度进行反距离权重空间插值，得到各个环境因子对全部聚类类别的模糊隶属度。根据土壤景观模型原理，假设未知土壤的成土环境与已知土壤的成土环境相似，则未知土壤的属性值与已知土壤的属性值相似（王改粉等，2011；Zhu et al.,1997）。

$$V_i = \sum_{j=1}^{c} u_{ij} V_j \Big/ \sum_{j=1}^{c} u_{ij} \tag{3.31}$$

式中，V_i 代表采样点 i 的土壤肥力值；μ_{ij} 代表点 i 在环境组合 j 上的隶属度；V_j 代表环境组合 j 的土壤肥力值；c 代表本研究中聚类的 12 个环境因子组合。

土壤综合肥力图通过土壤综合肥力值及各采样点与各环境组合隶属度加权平均得出，最终得到土壤综合肥力连续分布预测图，并进行精度检验。

（四）结果分析

1. 聚类结果

对环境因子样点数据进行离群值处理，舍弃较大值与较小值，得到 330 个样点数据，样点土壤肥力数据采用第三章土壤综合肥力。在聚类参数 $m=2$，$c=12$ 时运行 Management Zone Analyst 软件，得到 12 个聚类结果（见表 3.20）。

表 3. 20　12 个聚类环境因子组合及其环境因子特征

类别	高程 (m)	坡度 (°)	平面曲率	剖面曲率	地形湿度指数	归一化植被指数	比值植被指数	耕地利用类型	土壤类型
class 1	81.078	6.343	−0.029	0.049	3.501	0.288	2.144	1.815	3.954
class 2	60.432	8.175	−0.021	0.223	2.624	0.269	2.411	2.034	2.418
class 3	60.259	1.701	−0.020	0.038	7.555	0.279	2.121	2.024	5.657
class 4	32.168	5.387	0.021	0.059	3.227	0.249	2.462	1.781	2.207
class 5	231.009	20.576	0.005	0.087	2.417	0.361	2.815	2.031	2.412
class 6	40.275	0.791	−0.004	0.022	8.571	0.252	1.995	1.980	5.789
class 7	19.569	0.501	−0.001	0.009	8.515	0.285	1.823	1.890	7.731
class 8	167.265	16.397	0.177	0.177	2.077	0.322	2.836	1.752	2.946
class 9	127.926	8.863	0.066	0.075	3.280	0.338	2.663	1.761	3.890
class 10	101.625	8.173	0.019	0.222	3.874	0.319	2.621	1.876	4.804
class 11	8.416	0.745	0.006	0.001	7.245	0.305	1.904	1.999	7.684
class 12	319.258	17.326	−0.365	0.188	2.823	0.319	3.552	1.537	2.009

2. 环境组合土壤肥力赋值

对全部 330 个样点在 12 个聚类环境因子组合上的隶属度做统计分析发现，class 2、class 5、class 9 和 class 12 共 4 个类型对于所有样点的隶属度都较低，采用专家经验及隶属度较高的点相结合的方法为这 4 个聚类环境因子组合赋值，其余类别均采用隶属度较高的点的平均土壤肥力值赋值，得到全部聚类环境因子组合的典型土壤肥力值（见表 3.21）。

表 3. 21　各聚类环境因子组合对应的典型土壤肥力值

类别	土壤肥力	类别	土壤肥力
class 1	0.422	class 7	0.607
class 2	0.496	class 8	0.566
class 3	0.499	class 9	0.515
class 4	0.450	class 10	0.465
class 5	0.378	class 11	0.475
class 6	0.577	class 12	0.374

3. 土壤肥力预测制图

由前文得到的 12 个聚类环境因子组合以其对应的典型土壤肥力值，基于土壤景观模型，在 ArcGIS 9.3 中进行栅格计算，得到土壤综合肥力预测图（见图 3.30）。

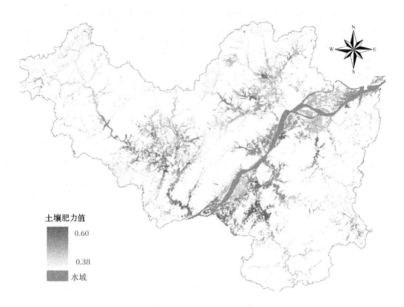

土壤肥力值
0.60

0.38

水域

图 3.30　模糊 c 均值聚类土壤肥力预测

由图 3.30 可知,土壤肥力值较高的地区主要集中在富春江及其支流,沿河流呈网状分布,土壤肥力值最高的地区集中分布在中部平原地区;山地、丘陵等海拔较高地区土壤肥力值显著降低。由此可以推知,海拔、坡度等可能对土壤肥力有重要影响,随海拔和坡度的增加土壤肥力值逐渐降低。中部平原海拔较低,且坡度接近于 0,水源充足,更有利于保持较高的土壤肥力。

整个富阳区土壤肥力值为 0.377～0.601,与普通克里格预测结果(0.30～0.69)相比,在取值范围上略有缩短,研究结果数值更为集中,耕地肥力分布大体一致,主要区别在于本章结果图中富春江以北支流土壤肥力值明显升高。其原因主要有两点:第一,前文主要依据采样点数据进行克里格空间插值,样点肥力值分布较广;本章基于模糊 c 均值聚类对采样点数据分析,不仅对采样点离群值做处理,而且基于模糊隶属度的线性加权赋值均衡了极值,使数值整体范围缩小;第二,本章分析环境因子对土壤肥力的影响,采用前文的土壤肥力值,对聚类结果有影响。且土壤肥力是综合性土壤属性,无法通过野外采样直接测量,单个环境因子对综合性指标影响有限,这可能是预测结果相似的原因之一。

4. 精度评价

采用本章 1.3 节中介绍的平均绝对误差、均方根误差和一致性系数对模糊 c 均值聚类的预测精度进行评价。与普通克里格插值法预测精度对比(见

表 3.22)发现,模糊 c 均值聚类在三项检验指标上都有所改变,精度有所降低。表明基于环境因子组合的模糊 c 均值聚类法在预测土壤肥力上不如普通克里格插值法效果好。单纯依靠环境因子预测土壤肥力,预测精度有所下降。同时发现,模糊 c 均值聚类预测图与普通克里格插值法预测图有一定相似度,说明单纯利用环境因子对耕地土壤肥力预测制图有一定的可行性。如若将其运用于实践生产活动中,还需要加入其他辅助方法,以便获得可以直接指导耕地作业的土壤肥力预测结果图。

表 3.22　模糊 c 均值聚类与普通克里格插值法预测精度对比

插值方法	平均绝对误差	均方根误差	一致性系数
普通克里格法	0.076	0.096	0.787
模糊 c 均值聚类	0.101	0.126	0.395
降低百分比(%)	24.75	23.81	99.24

(五)结论及分析

本章主要利用模糊 c 均值聚类法对富阳区耕地土壤肥力预测制图,利用环境因子预测土壤肥力能有效提高制图效率,但是由于环境因子对土壤肥力影响的模糊关系,不可避免地带来精度的下降,野外采样数据是对精度的有效弥补办法。

模糊 c 均值聚类法提供了减少采样数据、提高制图效率和保证制图精度的途径。首先,选取富阳区与土壤肥力密切相关的环境因子,利用模糊 c 均值聚类对各环境因子进行聚类组合,得到各聚类环境因子组合的隶属度值;其次,选取隶属度大于 0.9 的典型点采集样点数据,并计算土壤肥力,得到各聚类环境因子组合的土壤肥力;最后,基于土壤景观模型通过加权平均得出富阳区土壤肥力预测图。

该方法既避免了盲目采样带来的巨大工作量,从而节省了人力、物力和时间,又能充分利用多源空间数据,由不同的环境因子获得土壤肥力的典型组合,进而得到土壤肥力预测图,有效提高了制图效率。

本章中由于技术限制,选用样点数据进行模糊 c 均值聚类,得到样点的隶属度后进行空间插值,会给结果带来一定的偏差。如果能够直接对各环境因子进行组合,并利用野外数据,一定能得到更好的预测结果。经过进一步的研究,此方法可以有效提高预测精度,可能发展成为未来土壤肥力数字制图的主要方法之一。

三、基于回归克里格法的土壤综合肥力制图

本章以地形因子和遥感数据等作为辅助变量,利用回归克里格法预测富阳区耕地土壤肥力。首先对环境因子和综合肥力指数进行相关性分析,得出与土壤肥力指数相关性较高的环境因子,然后对环境因子做主成分分析,建立土壤肥力与环境因子之间的回归方程,分离趋势项,并对残差进行普通克里格插值,最后将回归预测的趋势项和残差的普通克里格估计值相加,得到土壤综合肥力的预测结果。

(一)研究数据

土壤采样点数据选用本章1.1节得到的土壤综合肥力值,环境因子主要有地形因子和遥感数据两个方面,地形因子主要包括高程、坡度、平面曲率、剖面曲率和地形湿度指数,遥感数据主要包括归一化植被指数和比值植被指数,由于土地利用现状及土壤类型数据单一,无法分析得出其与土壤肥力指数的关系,故舍去这两项环境因子。具体数据信息见本章2.2节。

(二)研究方法

本章主要借鉴张素梅等(2010)利用回归克里格法预测土壤属性中的方法,土壤肥力与环境因子间的关系非常复杂,存在线性关系和非线性关系;土壤肥力不仅受其主导因子的影响,还受到很多随机性不确定因子的影响。回归克里格法是将普通克里格与回归模型相结合的一种混合方法,可以兼顾主要影响因子和随机因子,模拟其空间分布趋势和不确定性。回归克里格可用以下公式表达:

$$Z(x) = a_0 + a_1 m(x) + \varepsilon(x) \tag{3.32}$$

式中,$Z(x)$ 为土壤肥力在空间某点的具体值;a_0 为常数项;a_1 为系数;$m(x)$ 为影响土壤肥力的若干环境因子;$\varepsilon(x)$ 为土壤肥力的残差。

在 ArcGIS 9.3 软件中提取环境因子值,并在 SPSS Statistics 19 软件下进行相关性分析、主成分分析及逐步回归方程拟合,得到最优的土壤肥力线性回归模型。由回归模型得到土壤肥力回归预测值及对应的残差,在 GS+软件中对回归预测值和残差值进行半方差分析,得到最优的半方差函数模型。基于半方差函数相关参数,在 ArcGIS 9.3 中分别对回归预测值和残差值做简单克里格插值,并用空间分析功能将两者简单相加,得到富阳区土壤肥力分布图。具体流程图如下。

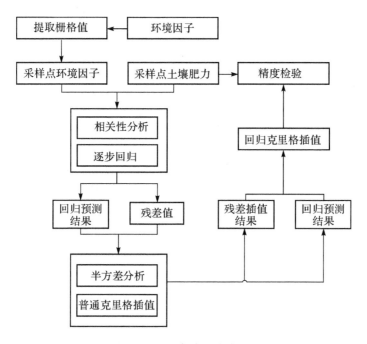

图 3.31 回归克里格流程

(三)结果与分析

1. 多元回归分析结果

表 3.23 为土壤肥力与各环境因子相关性大小,相关性大小依次为地形湿度指数、归一化植被指数、比值植被指数、剖面曲率、高程、平面曲率及坡度,其中高程与平面曲率相等,均为 0.046;坡度与土壤肥力的相关性最低,仅为 0.026;地形湿度指数的相关性最高,为 0.145。

表 3.23 土壤肥力与各环境因子间的相关性

肥力因子	归一化植被指数	比值植被指数	高程	坡度	平面曲率	剖面曲率	地形湿度指数
相关性	0.087	0.039	0.046	0.026	0.046	0.066	0.145**

注:** 表示在 0.01 水平上显著相关。

应用多元逐步回归拟合土壤肥力与各环境因子发现,对所选样点集而言,在所选择的环境因子中,地形湿度指数与综合肥力指数相关性最高,而坡度与综合肥力指数相关性虽低,却弥补了地形湿度指数与综合肥力指数的数据相关性高的特点,经 SPSS Statistics 19 回归分析发现,地形湿度指数和坡度是预测土壤肥力分布的最优因子,拟合方程的决定系数为 0.051,常数项为 0.408,t 值为 20.007($p<0.01$,p 为 t 检验概率值,小于 0.01 表示有显著意义);地形湿度指数的系数为 0.011,t 值为 4.205($p<0.01$);坡度的系数为 0.003,t 值为 3.238($p=0.001$)。因此,通过逐步回归得出土壤肥力指数的趋势项为 0.408+0.011×wetness+0.003×slope。根据前人的研究成果,土壤属性回归分析拟合方程的决定系数一直不高(Johnson et al.,2000;Ziadat et al.,2005;张素梅等,2010)。由于本研究范围较大,土地利用类型、地质类型、土壤类型多样,土壤肥力拟合方程的绝对系数也较低。

2. 半方差模型

图 3.32(a)为土壤肥力多元回归预测方程回归预测值及残差的半方差模型,图 3.32(b)为残差值的半方差模型,表 3.24 分别为半方差模型的相关参数。从半方差模型中可以看出,土壤肥力回归值属于指数模型,其空间自相关性较强(回归值的 $C/(C_0+C)$ 为 0.862),决定系数为 0.713,表明模型可以很好地拟合其空间分布。回归克里格法在残差的空间自相关性较强时更为有效,其原因是残差保留了原变量固有的空间结构。残差的半方差模型为球状模型,块金值/基台值反映土壤性质的空间相关性强弱,残差的 $C/(C_0+C)$ 为 0.559,属于中等程度的空间相关性,其决定系数为 0.947,表明模型拟合效果很好。

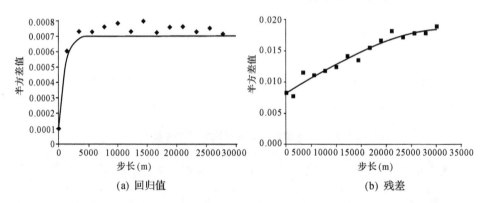

(a) 回归值 (b) 残差

图 3.32 土壤肥力多元回归预测方程回归预测值及残差的半方差模型

表 3.24　土壤肥力多元回归预测方程回归预测值和残差值半方差模型的相关参数

数据项	理论模型	块金值	基台值	$C/(C_0+C)$	变程(m)	决定系数	残差平方和
回归值	指数模型	0.0001	0.0007	0.862	2850	0.713	8.47×10^{-9}
残差	球状模型	0.0083	0.0187	0.559	32510	0.947	7.96×10^{-6}

3. 土壤肥力空间分布

基于上述半方差模型参数,在 ArcGIS 9.3 软件中对回归值和残差值进行简单克里格插值,再将其结果相加,得到研究区基于回归克里格插值法的土壤肥力空间分布图。基于 ArcGIS 软件中空间分析模块功能,以耕地为基础做掩膜处理,得到富阳区耕地土壤肥力空间分布图(见图 3.33)。

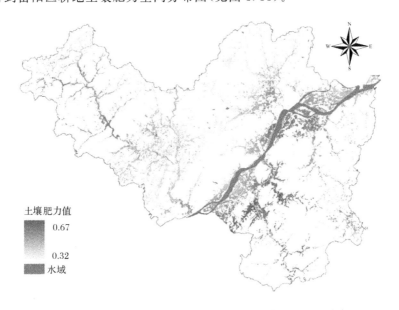

土壤肥力值
0.67

0.32
水域

图 3.33　基于回归克里格插值法的耕地土壤肥力空间分布

对比于普通克里格插值法得到的耕地土壤肥力空间分布图,发现土壤肥力在空间分布上具有相似性。肥力相对高的耕地大多沿富春江及其支流分布,随与水域距离的增加肥力逐渐降低,这与实际情况相符。富春江沿岸地势平坦,水源充足,交通便利,适宜人们日常的耕作和肥力维护,是研究区主要的粮食生产地。在数值方面,用普通克里格插值法得到的肥力值分布为 0.30~0.69,用回归克里格插值法得到的肥力值则为 0.31~0.67,肥力范围有所缩短,但总体变化不大。

究其原因,回归克里格可以认为是普通克里格加入环境因子后的改进方法,与普通克里格插值相同,回归克里格以土壤综合肥力指数为数据基础,对富阳区土壤肥力数字化制图;其不同之处在于普通克里格单纯依据土壤样点间的空间自相关性预测插值,而回归克里格不仅考虑样点的空间自相关性,还添加了与土壤综合肥力指数相关度较高的环境因子作为辅助变量,共同进行土壤肥力预测制图,故两种方法在土壤肥力预测结果上有一定的相似性。

4. 精度评价

采用平均绝对误差、均方根误差和一致性系数对回归克里格插值法的预测精度进行评价。与普通克里格插值法对比(见表 3.25)发现,回归克里格插值法在三项检验指标上都有所改进,精度得到有效提高。表明回归克里格插值法在预测土壤肥力上比普通克里格插值法有更好的效果,环境因子的加入,弥补了仅凭采样数据插值的缺陷,有利于预测精度的改善。

表 3.25 回归克里格插值与普通克里格插值的预测精度对比

插值方法	平均绝对误差	均方根误差	一致性系数
普通克里格插值法	0.076	0.096	0.787
回归克里格插值法	0.065	0.081	0.963
提高百分比(%)	14.47	15.63	35.07

四、土壤肥力预测制图方法对比

本研究运用普通克里格插值、回归克里格插值和模糊 c 均值聚类三种方法对富阳区耕地土壤肥力预测制图,分别就预测制图基础数据、预测图和预测精度三个方面对比分析,得到每种方法的优缺点,试图确定县级范围耕地土壤肥力预测制图的最佳方法。

(一)制图基础数据对比分析

三种方法都是以野外采样数据为基础,通过数据预处理、描述统计分析、异常值检验、正态分布检验、地统计分析得到采样点数据集,并确定土壤肥力的最小数据集,根据不同指标的权重得到土壤综合肥力指数。然后以土壤综合肥力指数为基础,结合其他环境因子,利用不同的方法对耕地土壤肥力预测制图。

三种方法的不同之处在于普通克里格插值法是完全依据土壤综合肥力指数,分析样点间的空间相关性,得出半方差函数的相关参数,最终得到土壤肥力预测图;模糊 c 均值聚类法将土壤综合肥力指数与环境因子相结合,土壤综合肥力指数作为野外采样数据,对典型环境因子组合赋值,得出典型环境因子组合的土壤肥力值,并利用各环境因子的隶属度函数线性加权得出土壤肥力预测图;回归克里格插值法将土壤综合肥力指数与环境因子有效结合起来,通过多元回归分析挑选出与土壤综合肥力指数相关性较高的环境因子,通过土壤综合肥力指数和环境因子的逐步线性回归得到回归值和残差值,将两者相加得出土壤肥力预测图。

综合以上分析得出,普通克里格插值法主要以土壤综合肥力指数为基础数据,模糊 c 均值聚类法以大量环境因子和土壤综合肥力指数为基础数据,回归克里格插值法挑选出少数有效环境因子,与典型样点的土壤综合肥力指数结合作为基础数据。随基础数据的变化,土壤预测制图所需的成本和制图精度发生变化,得出的预测图也相应改变。

(二)预测图对比分析

根据前文研究结果,不同方法得出的预测图在取值范围上有很大变化,为客观评价预测图的空间分布变化,将每种方法得到的预测图均分为五个等级(如图3.34 所示),并统计每个等级耕地面积和分布特点(见表 3.26),得出不同方法预测图的不同之处,并分析产生这种结果的原因。

从各等级面积来看,普通克里格插值法与回归克里格插值法两者较为接近,耕地在每个等级内分布相对较为分散,等级之间差异不大,回归克里格插值法各等级间分布最为分散。模糊 c 均值聚类法各等级间差异明显,class 1 最少,主要耕地集中于 class 3 和 class 4。从各等级所占比例来看,三种方法各等级中class 3 面积均最多,普通克里格插值法中间三个等级共占总面积的 81.62%,回归克里格插值法面积最多的三个等级占总面积的 84.04%,模糊 c 均值聚类法class 3 和 class 4 面积较多,占总面积的 81.75%。

表 3.26　三种方法预测土壤肥力的分级统计

制图方法	分级					
	class 1	class 2	class 3	class 4	class 5	合计
普通克里格插值法(hm²)	3304	6448	9668	6586	1833	27814
模糊 c 均值聚类(hm²)	217	1742	12313	10425	3131	27814
回归克里格插值法(hm²)	2862	6433	9502	7440	1577	27814
普通克里格插值法(%)	11.88	23.18	34.67	23.68	6.59	100
模糊 c 均值聚类(%)	0.78	6.26	44.22	37.48	11.26	100
回归克里格插值法(%)	10.29	23.13	34.16	26.75	5.67	100

从图 3.34 中可以看出不同方法各等级面积分布变化情况,由于回归克里格插值法是在普通克里格插值法的基础上,利用环境因子对肥力指数修正,两者的等级分布情况相似,各等级间面积更为均衡,主要区别在于各等级范围的变化。

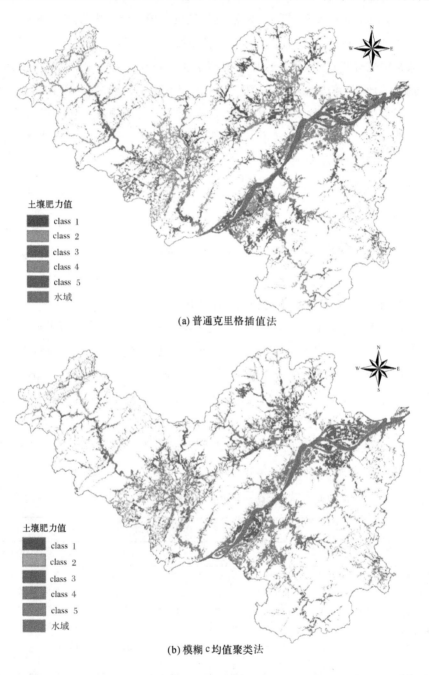

土壤肥力值
- class 1
- class 2
- class 3
- class 4
- class 5
- 水域

(a) 普通克里格插值法

土壤肥力值
- class 1
- class 2
- class 3
- class 4
- class 5
- 水域

(b) 模糊 c 均值聚类法

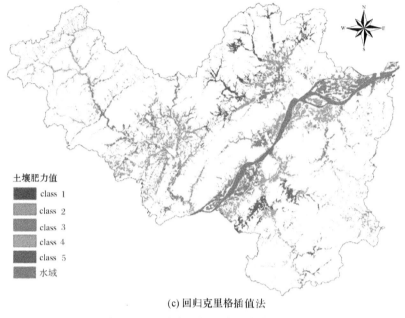

(c)回归克里格插值法

图 3.34　三种方法的土壤肥力分级预测

由于土壤属性在空间上具有连续性,故结果图中每个等级呈块状集中分布。图中深蓝色(请扫描书末二维码查看彩图)为富春江及其支流,可以发现沿河两侧土壤肥力较高,且随河流走向变化,可知水源是保证富阳区耕地土壤肥力的重要因素。土壤肥力值最低的地区集中在富阳区北部及偏远地区,其环境特点为海拔相对较高,主要为山间谷地,远离水源地。土壤肥力值最高的地区位于富春江上游南岸,主要为平原地区,且水源充足,远离主要建成区,受人类影响有限,土壤重金属污染小,有利于土壤肥力的保持。

（三）预测精度对比分析

通过表 3.27 可以看出,三种方法的总体制图精度排列为回归克里格插值法优于普通克里格插值法,普通克里格插值法优于模糊 c 均值聚类法。究其原因,普通克里格作为目前得到广泛研究和实践应用的方法,其理论基础和实际应用效果已经得到广泛认可。本文首先使用该方法将分析得出的土壤综合肥力指数进行空间插值,得到全部耕地范围内的土壤肥力值。野外采样数据作为传统土壤属性测量的方法,一直具有较高的准确度,根据土壤的自相关性插值得出的土壤肥力图,具有较好的精度和实用价值,可以作为研究区土壤肥力的基础数据。

表 3.27　三种方法的预测精度对比

插值方法	平均绝对误差	均方根误差	一致性系数
普通克里格插值法	0.076	0.096	0.787
模糊 c 均值聚类	0.101	0.126	0.395
回归克里格插值法	0.065	0.081	0.963

　　回归克里格插值法将环境因子融入土壤数字制图中,通过统计分析得出与土壤肥力相关度较高的环境因子,加入环境因子后的回归克里格插值法得出的土壤肥力图的精度较普通克里格插值法有很大提高,从表中数值对比可以看出,不论是平均绝对误差、均方根误差,还是一致性系数,回归克里格插值法都得到一定程度的改善提高。从此可以推出环境因子对土壤肥力预测有辅助,环境因子在土壤的形成过程中扮演极其重要的角色,也必然对土壤肥力高低产生极大影响。

　　为确定环境因子对土壤肥力预测的作用大小,利用模糊 c 均值聚类法对各环境因子聚类,线性加权得到各聚类的土壤肥力值,利用隶属度得出研究区土壤综合肥力图。从结果来看,虽然模糊 c 均值聚类法的预测精度比其他两种方法都低,但这也证明了利用环境因子预测土壤肥力成图的可行性。该方法首先对环境因子聚类,然后再确定采样点,无疑大大减少了野外采样的工作量,从而节省了大量的人力、物力及时间,经过进一步研究,可以发展成为未来土壤肥力制图的主要方法。

参考文献

蔡玉高,2011. 我国科学家参与"全球土壤数字制图计划"[J]. 广东农业科学(18):204-204.

代晓能,张世熔,李婷,等,2007. 基于 ASTER 影像的流沙河流域不同植被指数研究[J]. 资源环境与发展(1):9-13.

高新波,2004. 模糊聚类分析及其应用[M]. 西安:西安电子科技大学出版社.

郭澎涛,2009. 丘陵山地预测性土壤制图研究[D]. 重庆:西南大学.

郭澎涛,李茂芬,罗微,等,2015. 基于多源环境变量和随机森林的橡胶园土壤全氮含量预测[J]. 农业工程学报,31(5):194-202.

郭燕,纪文君,吴宏海,等,2013. 基于野外 Vis-NIR 光谱的土壤有机质预测与制图[J]. 光谱学与光谱分析(4):1135-1140.

黄兴成,颜家均,刘洪斌,等,2013. 低山丘陵区农田土壤有机质预测性制图[J]. 西南师范大学学报(自然科学版)(5):142-149.

李艳,史舟,徐建明,等,2003. 地统计学在土壤科学中的应用及展望[J]. 水土保持学报,17(1):

112-120.

连纲,郭旭东,傅伯杰,等,2009. 基于环境相关法和地统计学的土壤属性空间分布预测[J]. 农业工程学报,25(7):237-242.

林芬芳,2009. 不同尺度土壤质量空间变异机理,评价及其应用研究[D]. 杭州:浙江大学.

刘超,卢玲,胡晓利,2011. 数字土壤质地制图方法比较——以黑河张掖地区为例[J]. 遥感技术与应用,26(2):177-185.

刘付程,史学正,于东升,等,2004. 基于地统计学和 GIS 的太湖典型地区土壤属性制图研究——以土壤全氮制图为例[J]. 土壤学报(1):20-27.

刘京,朱阿兴,张淑杰,等,2013. 基于样点个体代表性的大尺度土壤属性(或类型)制图方法[J]. 土壤学报,50(1):12-20.

罗亚,徐建华,岳文泽,2005. 基于遥感影像的植被指数研究方法述评[J]. 生态科学,24(1):75-79.

吕晓男,陆允甫,王人潮,2000. 浙江低丘红壤肥力数值化综合评价研究[J]. 土壤通报,31(3):107-113.

吕新,寇金梅,李宏伟,2004. 模糊评判方法在土壤肥力综合评价中的应用[J]. 干旱地区农业研究,22(3):56-59.

秦承志,杨琳,朱阿兴,等,2006. 平缓地区地形湿度指数的计算方法[J]. 地理科学进展,25(6):87-93.

邱琳,李安波,赵玉国,2012. 基于 Fisher 判别分析的数字土壤制图研究[J]. 土壤通报(6):1281-1286.

孙孝林,赵玉国,张甘霖,等,2008. 预测性土壤有机质制图中模糊聚类参数的优选[J]. 农业工程学报,24(9):31-37.

孙孝林,赵玉国,刘峰,等,2013. 数字土壤制图及其研究进展[J]. 土壤通报,44(3):752-759.

孙波,张桃林,赵其国,1995. 我国东南丘陵山区土壤肥力的综合评价[J]. 土壤学报,32(4):362-369.

谭万能,李志安,邹碧,等,2005. 地统计学方法在土壤学中的应用[J]. 热带地理,25(4):307-311.

田庆久,闵祥军,1998. 植被指数研究进展[J]. 地球科学进展,13(4):327-333.

王改粉,赵玉国,杨金玲,等,2011. 流域尺度土壤厚度的模糊聚类与预测制图研究[J]. 土壤,43(5):835-841.

王良杰,2009. 基于 GIS 的中比例尺数字土壤制图研究[D]. 南京:南京农业大学.

王政权,1999. 地统计学及在生态学中的应用[M]. 北京:科学出版社.

吴玉红,田霄鸿,同延安,等,2010. 基于主成分分析的土壤肥力综合指数评价[J]. 生态学杂志,29(1):173-180.

杨琳,朱阿兴,李宝林,等,2007. 应用模糊 c 均值聚类获取土壤制图所需土壤—环境关系知识的方法研究[J]. 土壤学报,44(5):784-791.

杨琳,朱阿兴,秦承志,等,2009. 运用模糊隶属度进行土壤属性制图的研究——以黑龙江鹤山农场研究区为例[J]. 土壤学报,46(1):9-15.

张素梅,王宗明,张柏,等,2010. 利用地形和遥感数据预测土壤养分空间分布[J]. 农业工程学报(5):188-194.

赵量,赵玉国,李德成,等,2007. 基于模糊集理论提取土壤—地形定量关系及制图应用[J]. 土壤学报,44(6):961-967.

周斌,王繁,王人潮,2004. 运用分类树进行土壤类型自动制图的研究[J]. 水土保持学报,18(2):140-143.

周启鸣,刘学军,2006. 数字地形分析[M]. 北京:科学出版社.

周银,2011. 基于决策树方法的县级土壤数字制图研究[D]. 杭州:浙江大学.

周勇,张海涛,汪善勤,等,2001. 江汉平原后湖地区土壤肥力综合评价方法及其应用[J]. 水土保持学报,15(4):70-76.

朱阿兴,李宝林,杨琳,等,2005. 基于 GIS,模糊逻辑和专家知识的土壤制图及其在中国应用前景[J]. 土壤学报,42(5):844-851.

Ahmad S, Kalra A, Stephen H, 2010. Estimating soil moisture using remote sensing data: A machine learning approach[J]. Advances in Water Resources, 33(1): 69-80.

Bezdek J C, Ehrlich R, Full W, 1984. FCM: The fuzzy c-means clustering algorithm [J]. Computers & Geosciences, 10(2): 191-203.

Bishop T F A, McBratney A B, 2001. A comparison of prediction methods for the creation of field-extent soil property maps[J]. Geoderma, 103(1): 149-160.

Bou K R, Greve M H, Bøcher P K, et al., 2010. Predictive mapping of soil organic carbon in wet cultivated lands using classification-tree based models: The case study of Denmark[J]. Journal of Environmental Management, 91(5): 1150-1160.

Burgess, TM, Webster R, 1980. Optimal interpolation and isarithmic mapping of soil properties: the semi-variogram and punctual kriging[J]. Journal of Soil Science(31):331-341.

Carré F, McBratney A B, Mayr T, et al., 2007. Digital soil assessments: Beyond DSM[J]. Geoderma, 142(1): 69-79.

Carter M R, 2002. Soil quality for sustainable land management [J]. Agronomy Journal, 94(1): 38-47.

Chang D H, Islam S, 2000. Estimation of soil physical properties using remote sensing and artificial neural network[J]. Remote Sensing of Environment, 74(3): 534-544.

Cheng X F, Xue-zheng S H I, Dong-sheng Y U, et al., 2004. Using GIS spatial distribution to predict soil organic carbon in subtropical China[J]. Pedosphere, 14(4):425-431.

Dobos E, Micheli E, Montanarella L, 2006. The population of a 500 m resolution soil organic matter spatial information system for hungary[J]. Developments in Soil Science, 31: 487-628.

Doran J W, Parkin T B, Jones A J, 1996. Quantitative indicators of soil quality: a minimum data set[J]. Methods for Assessing Soil Quality:25-37.

Elnaggar A A, Noller J S, 2009. Application of remote-sensing data and decision-tree analysis to mapping salt-affected soils over large areas[J]. Remote Sensing, 2(1): 151-165.

Gershenfeld N A, 1999. The nature of mathematical modeling[M]. Cambridge: Cambridge University Press.

Grimm R, Behrens T, Märker M, et al., 2008. Soil organic carbon concentrations and stocks on Barro Colorado Island — Digital soil mapping using Random Forests analysis [J]. Geoderma, 146(1-2):102-113.

Haile-M S, Collins H P, Wright S, et al., 2008. Fractionation and long-term laboratory incubation to measure soil organic matter dynamics[J]. Soil Science Society of America Journal, 72(2): 370-378.

Heung B, Bulmer C E, Schmidt M G, 2014. Predictive soil parent material mapping at a regional-scale: A Random Forest approach[J]. Geoderma, 214-215:141-154.

Jenny H, 1941. Factors of soil formation, a system of quantitative pedology[M]. New York: McGraw-Hill.

John B, Yamashita T, Ludwig B, et al., 2005. Storage of organic carbon in aggregate and density fractions of silty soils under different types of land use[J]. Geoderma, 128(1): 63-79.

Johnson C E, Ruiz-Méndez J J, Lawrence G B, 2000. Forest soil chemistry and terrain attributes in a Catskills watershed[J]. Soil Science Society of America Journal, 64(5): 1804-1814.

Lal R, 2004. Soil carbon sequestration impacts on global climate change and food security[J]. Science, 304(5677): 1623-1627.

Liess M, Glaser B, Huwe B, 2009. Digital soil mapping in southern Ecuador[J]. Erdkunde, 63(4): 309-319.

Liu E, Yan C, Mei X, et al., 2010. Long-term effect of chemical fertilizer, straw, and manure on soil chemical and biological properties in northwest China[J]. Geoderma, 158(3): 173-180.

Malone B P, McBratney A B, Minasny B, et al., 2009. Mapping continuous depth functions of soil carbon storage and available water capacity[J]. Geoderma, 154(1): 138-152.

Moore I D, Gessler P E, Nielsen G A, et al., 1993. Soil attribute prediction using terrain analysis[J]. Soil Science Society of America Journal, 57(2): 443-452.

Nelson M A, Odeh I O A, 2009. Digital soil class mapping using legacy soil profile data: a comparison of a genetic algorithm and classification tree approach[J]. Soil Research,

47(6):632-649.

Odeha I O A, McBratney A B, Chittleborough D J, 1994. Spatial prediction of soil properties from landform attributes derived from a digital elevation model[J]. Geoderma, 63(3): 197-214.

Pal N R, Bezdek J C, 1995. On cluster validity for the fuzzy c-means model[J]. Fuzzy Systems, IEEE Transactions on, 3(3): 370-379.

Park S J, Vlek P L G, 2002. Environmental correlation of three-dimensional soil spatial variability: a comparison of three adaptive techniques[J]. Geoderma, 109(1): 117-140.

Schmidt K, Behrens T, Scholten T, 2008. Instance selection and classification tree analysis for large spatial datasets in digital soil mapping[J]. Geoderma, 146(1-2):138-146.

Scull P, Franklin J, Chadwick O A, McArthur D, 2003. Predictive soil mapping: a review[J]. Progress of Physical Geography, 27(2): 171-197.

Shi W, Liu J, Du Z, et al., 2009. Surface modelling of soil pH [J]. Geoderma, 150 (1): 113-119.

Shukla M K, Lal R, Ebinger M, 2006. Determining soil quality indicators by factor analysis[J]. Soil and Tillage Research, 87(2): 194-204.

Sumfleth K, Duttmann R, 2008. Prediction of soil property distribution in paddy soil landscapes using terrain data and satellite information as indicators [J]. Ecological Indicators, 8(5): 485-501.

Wiesmeier M, Barthold F, Blank B, et al., 2011. Digital mapping of soil organic matter stocks using Random Forest modeling in a semi-arid steppe ecosystem [J]. Plant and Soil, 340(1-2SI):7-24.

Wu C, Wu J, Luo Y, et al., 2009. Spatial prediction of soil organic matter content using cokriging with remotely sensed data[J]. Soil Science Society of America Journal, 73(4): 1202-1208.

Yemefack M, Jetten V G, Rossiter D G, 2006. Developing a minimum data set for characterizing soil dynamics in shifting cultivation systems[J]. Soil and Tillage Research, 86(1): 84-98.

Yu G, Fang H, Gao L, et al., 2006. Soil organic carbon budget and fertility variation of black soils in Northeast China[J]. Ecological Research, 21(6): 855-867.

Ziadat F M, 2005. Analyzing digital terrain attributes to predict soil attributes for a relatively large area[J]. Soil Science Society of America Journal, 69(5): 1590-1599.

Zhu A X, Band L E, 1994. A knowledge-based approach to data integration for soil mapping[J]. Canada Journal of Remote Sensing, 20:408-418.

Zhu A, Band L, Vertessy R, et al., 1997. Derivation of soil properties using a soil land inference model (SoLIM)[J]. Soil Science Society of America Journal,61(2): 523-533.

Zhu A X, Liu J, Du F, et al., 2015. Predictive soil mapping with limited sample data[J]. European Journal Soil Science:1-13.

Zhu A X, Qi F, Moore A, et al., 2010. Prediction of soil properties using fuzzy membership values[J]. Geoderma,158(3): 199-206.

第四章 耕地生产能力核算和分区管理

耕地是粮食生产的载体,保证一定数量、质量的耕地是粮食安全的根本保障(谢俊奇等,2004)。基于我国已开展的耕地分等研究取得的成果,估算耕地综合生产能力,有助于加强耕地数量与质量并重保护措施、实现耕地管理从数量动态平衡向数量质量动态平衡的转变,对政府制定必要的粮食保障政策、区域基本农田的划定和征地制度改革等都具有重要的意义,对加强确保国家粮食安全和全面促进经济社会持续发展具有重要意义。

通过对耕地生产能力的核算,掌握耕地生产能力的分布和变化规律,获得区域耕地生产能力强度和潜力,基于产能核算成果划分不同的耕地管理的区域,对不同的区域实施有针对性的措施,不仅可以提升区域耕地粮食产量,还可以确保土地资源的可持续利用。目前,已有不少学者基于产能核算成果对耕地管理分区进行了研究。郑新奇等(1999)探讨了农用地分等成果在基本农田保护区划中的应用;杜红亮等(2001)从耕地的可持续生产能力角度出发进行了耕地保护分区研究;苏伟忠等(2007)应用 P-S-R 模型从土壤质量、环境压力及立地差异确定了耕地保护等级,划定了耕地保护的重点区域;崔永清等(2008)基于农用地分等成果,建立不同层次耕地综合产能核算模型,探索河北省耕地产能的空间格局与分异规律,寻求提高不同区域产能的对策和措施;门明新等(2009)在远景潜在生产能力和现实生产能力核算的基础上,采用综合生产力优势指数和生产规模优势指数对耕地生产能力进行分析,从远景潜在生产能力、现实生产能力、耕地投入水平和产出水平 4 个方面构建重点保护区划分指标体系将河北省耕地划分为 4 个保护等级。刘玉等(2009)通过分析耕地综合产能、利用强度及其增产潜力,将海河冲积平原(包括廊坊、沧州、衡水、邢台、邯郸所属的 49 个县(市、区)耕地)利用划分为核心保护区、优化提升区和重点整理区,并提出相应的利用对策。上述学者对基于生产能力的耕地分级、分区的研究为耕地管理分区的深入研究提供了参考，在耕地产能定量化方法上有了一定的发展，但是在耕地管理分区方法上各个学者运用的方法都不同，并未形成一个相对成熟的方法，还有待深入研究、探索，寻找一个合适、准确的方法。

本章根据富阳区耕地质量分等成果、野外调查样点数据以及统计部门提供的年鉴数据等数据，通过建立不同层次的产能核算模型，测算富阳区不同层次的产能，从数量和空间上全面掌握耕地产能状况，并在此研究成果基础上，对耕地利用强度和利用潜力进行评价，运用模糊 c 均值聚类对研究区耕地进行管理分区研究，寻求提高不同区域产能的对策和措施。

第一节　耕地生产能力核算

一、数据来源及处理

研究数据主要来源于富阳区耕地质量分等成果，并根据其整理出各分等单元的利用等指数。富阳区内分等单元的耕地面积主要通过耕地质量分等成果与 2009 年上报国土资源部的土地利用现状调查数据相结合整理得到。实际单产数据主要来源于统计部门提供的统计年鉴，个别乡（镇）缺少指定作物的实际单产数据，其实际单产数据根据该乡镇的实际单产水平，参照相邻乡镇确定。同时，通过野外调查，获得富阳区行政区划范围内的理论样点和可实现样点。

（一）耕地面积平差

富阳区耕地质量分等成果以 2002 年为基期年，2003—2009 年各地耕地的面积发生了较大的变化，依据 2009 年国土资源部的土地利用现状调查数据，以富阳区分等单元耕地总面积为基数，以富阳区土地利用现状调查耕地总面积为准，对分等单元耕地面积进行了平差计算，以此作为产能核算的分等单元耕地面积。经上述方法对分等单元基础数据表成果进行平差计算，修正分等单元的耕地面积，形成富阳区的分等单元耕地面积总和与 2009 年度变更调查耕地面积一致的产能核算基础数据。

（二）标准粮产量换算系数

不同种类的农作物，单位面积产量存在很大差异，在产能核算中统一用标准粮代替农作物的实际产量进行核算。标准粮产量换算系数是将农作物的单位面积产量换算成标准粮单位面积产量的折算比率。在富阳区统一确定的以水稻为基准作物的基础上，以水稻与各指定作物单位面积最高产量之比作为各指定作物的产量换算系数。本文产能核算利用富阳区耕地质量分等成果，富阳区位于浙江省浙西北山丘区，确定其指定作物为水稻、油菜，标准耕作制度为一年两熟（油菜—水稻、水稻—水稻）。指定作物标准粮产量换算系数参照该区的标准粮产量换算系数见表4.1。

表 4.1 富阳区指定作物标准粮产量换算系数

作物	产量比系数
水稻	1
油菜	3.41

（三）样点数据检验

耕地产能样点调查数据是相关模型建立的基础，其精确度关系到模型建立的准确度；因此，在建立产能模型中必须对样点调查数据进行充分检验和修正。数据的检验与修正主要包括以下两个方面。首先是从富阳区所在二级指标区的标准耕作制度出发，确保每个调查样点是按照标准耕作制度相对应作物进行填写的，同时运用均值方差分析，确保同种作物的单产差距在允许范围内。其次，按照样点分等别进行检验与修正。按照《农用地分等规程》，农用地的等别越高，农用地质量就越好，其单产也就越高，因此，在各乡镇提交的样点数据里，高等别的样点单产原则上应高于低等别的样点单产；对调查的样点数据的产能单产按等别进行检查，根据产能随等别降低逐级递减的趋势，对个别明显偏离趋势的样点数据进行检验、校对，实在相差太大的予以剔除。

二、研究方法

（一）产能核算方法

产能核算包括理论产能、可实现产能和实际产能，具体核算方法如下。

1. 理论产能核算

耕地理论产能是指在农业生产条件得到充分保证，光、热、水、土等环境因素均处于最优状态,由技术因素所决定的农作物所能达到的最高产量。根据富阳区耕地质量分等成果,建立抽样单元的标准粮理论单产和相应的自然质量等指数的函数关系,得到富阳区理论单产模型如图 4.1 和公式 4.1 所示。

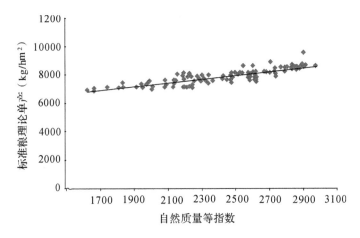

图 4.1 富阳区理论单产模型散点图

$$Y = 1.325X + 4661 \qquad (R = 0.8303) \qquad (4.1)$$

将所有分等单元的自然质量等指数代入函数方程,获取各分等单元的耕地理论单产。依据所有分等单元的理论单产乘以相应的分等单元耕地面积核算耕地理论产能。乡(镇)域理论产能等于乡(镇)域内各分等单元的理论产能之和,各乡(镇)理论产能相加得到富阳区理论产能。

2. 可实现产能核算

耕地可实现产能是指在农业生产条件得到基本保证,光、热、水、土等环境因素均处于正常状态,技术条件可以满足,由政策、投入等因素决定的正常年景下农作物能够获得的最高产量。根据富阳区耕地质量分等成果,建立抽样单元的标准粮可实现单产和相应的利用质量等指数的函数关系,得到富阳区可实现单产模型如图 4.2 和公式 4.2 所示。

$$Y = 1.0431X + 5043.5 \qquad (R = 0.6873) \qquad (4.2)$$

将所有分等单元的耕地利用等指数代入函数方程,获取各分等单元的耕地可实现单产。依据所有分等单元的耕地可实现单产乘以相应的分等单元耕地面积核算耕地可实现产能。乡(镇)域可实现产能等于乡(镇)域内各分等单元的可实现产能之和,各乡(镇)可实现产能相加得到富阳区可实现产能。

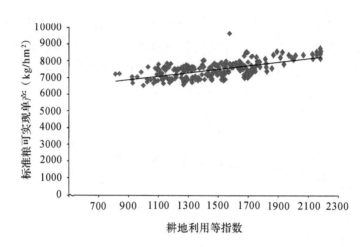

图 4.2　富阳区可实现单产模型散点图

3. 实际产能核算

耕地实际产能是指目前已经实现的产能,即基准年度已经达到的总产量或单位面积平均产量。从富阳区统计部门收集各乡(镇)指定作物的播种面积、总产和单产数据,其中个别乡镇未进行粮食产量统计或某种指定作物很少种植、没有相应的统计数据的,其指定作物单产参照自然条件相仿的相邻乡镇确定。根据已确定的产量换算系数和富阳区的标准耕作制度,将收集到的各乡(镇)的指定作物单产换算成标准粮实际单产。实际单产乘以基期年乡(镇)耕地面积得到乡(镇)域实际产能,各乡(镇)实际产能相加得到富阳区实际产能。

(二)耕地利用强度、利用潜力评价方法

1. 理论产能利用强度

以富阳区各个乡(镇)为最小单位,按照公式 4.3 分别计算各个乡镇的理论产能利用强度:

$$S_{T_i} = \frac{Y_{P_i}}{Y_{F_i}} \tag{4.3}$$

式中,S_{T_i} 为 i 乡(镇)的耕地理论产能利用强度;Y_{P_i} 为 i 乡(镇)的可实现单产;Y_{F_i} 为 i 乡(镇)的理论单产。

2. 可实现产能利用强度

以富阳区各乡(镇)为最小单位,可实现产能利用强度计算公式如下:

$$S_{A_i} = \frac{Y_{O_i}}{Y_{P_i}} \qquad\qquad (4.4)$$

式中，S_{A_i} 为 i 乡（镇）的耕地可实现产能利用强度；Y_{O_i} 为 i 乡（镇）的实际单产；Y_{P_i} 为 i 乡（镇）的可实现单产。

3. 耕地理论潜力

以富阳区各乡（镇）为最小单位，耕地理论潜力计算公式如下：

$$L_{T_i} = Y_{F_i} - Y_{P_i} \qquad\qquad (4.5)$$

式中，L_{T_i} 为 i 乡（镇）的耕地理论潜力；Y_{F_i}、Y_{P_i} 含义同上。

4. 耕地可实现潜力

以富阳区各乡（镇）为最小单位，耕地可实现潜力计算公式如下：

$$L_{A_i} = Y_{P_i} - Y_{O_i} \qquad\qquad (4.6)$$

式中，L_{A_i} 为 i 乡（镇）的耕地可实现潜力；Y_{O_i}、Y_{P_i} 含义同上。

三、产能核算结果

（一）产能核算结果统计分析

根据耕地产能核算结果，汇总统计得出富阳区理论产能、可实现产能和实际产能分别达 233354t、199560t、104430t，平均理论单产、可实现单产和实际单产分别为 9335.54kg/hm²、7987.58kg/hm²、4174.59kg/hm²。从图 4.3 和图 4.4 可知，各乡（镇）的理论产能＞可实现产能＞实际产能，理论单产＞可实现单产＞实际单产。理论单产相比可实现单产，差异最大的为湖源镇，达 20.72%，差异最小的为龙门镇，仅为 13.37%；可实现产能相比实际产能，各乡（镇）差异均较大，其中差异最大的为常绿镇，达 343.73%，其次是大源镇，为 171.66%，渔山乡的实际单产比可实现单产反而高 0.82%。

从表 4.2 可以得出，新登镇和场口镇的理论产能分别占富阳区理论产能的 12.73% 和 8.60%，比其他乡（镇）高较多。理论产能与不同乡（镇）的耕地面积成正比，而新登镇和场口镇是富阳区耕地面积最大的两个乡镇。里山乡和上官乡的理论产能最低，分别仅占富阳区理论产能的 0.89% 和 0.67%，这与这两个乡占的耕地面积小是分不开的。位于富阳北部和南部的部分乡（镇）（高桥镇、受降镇、常安镇、龙门镇、上官乡、渌渚镇）的理论单产在各乡（镇）中领先。常绿镇的理论单产最低，仅为 8584.19kg/hm²。

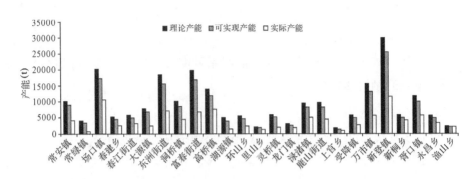

图 4.3　富阳区各乡(镇)产能统计

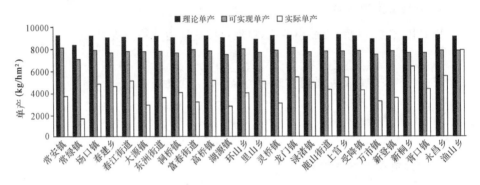

图 4.4　富阳区各乡(镇)单产统计

可实现产能跟理论产能分布情况一样,以新登镇和场口镇的可实现产能最高。新登镇、场口镇、高桥镇、万市镇和东洲街道等乡(镇)的可实现产能均较高,其可实现产能总和占富阳区可实现产能的 41.74%。里山乡和上官乡的可实现产能最低,分别仅占富阳区可实现产能的 0.90% 和 0.66%。同样,位于富阳北部和南部的部分乡镇(高桥镇、永昌镇、里山镇、常安镇、龙门镇、渌渚镇、场口镇)的可实现单产在各乡镇中领先。常绿镇的可实现单产最低,仅为 7295.66kg/hm²。

从表 4.2 同样可以看出,全区实际产能为 104430t,平均实际单产 4174.6kg/hm²。新登镇和场口镇是实际产能最高的两个乡镇,分别达到 11610t 和 10589t,占全区比重分别为 11.12% 和 10.14%。常禄镇和上官乡的实际产能最低,分别仅占富阳区实际产能的 0.71% 和 0.88%。实际产能前 6 位的乡(镇)分别为新登镇、场口镇、高桥镇、东洲街道、富春街道、胥口镇,其合计实际产能占全区总产能的 47.38%。在实际单产方面,受降镇、永昌镇、渌渚镇以及新桐乡在各乡镇中领先。而万市镇、高桥镇、环山乡、大源镇、龙门镇、常绿镇等乡(镇)

表 4.2　富阳区各乡(镇)产能和单产统计

乡(镇)名	平差汇总面积(hm²)	理论产能(t)	百分比(%)	可实现产能(t)	百分比(%)	实际产能(t)	百分比(%)	理论单产(kg/hm²)	可实现单产(kg/hm²)	实际单产(kg/hm²)
常安镇	1061.8	10055	4.31	8839	4.43	4081	3.91	9469.0	8324.5	3843.3
常绿镇	453.7	3895	1.67	3310	1.66	746	0.71	8584.2	7295.7	1644.2
场口镇	2145.2	20071	8.60	17313	8.68	10589	10.14	9356.6	8070.1	4936.2
春建乡	572.9	5314	2.28	4499	2.25	2689	2.57	9276.4	7854.2	4694.1
春江街道	622.1	5797	2.48	4958	2.48	3242	3.10	9319.2	7969.8	5211.7
大源镇	839.3	7761	3.33	6715	3.37	2472	2.37	9246.9	8001.3	2945.4
东洲街道	1955.8	18357	7.87	15548	7.79	7152	6.85	9386.1	7950.0	3656.9
洞桥镇	1081.4	10009	4.29	8468	4.24	4465	4.28	9255.1	7830.3	4128.8
富春街道	2072.0	19664	8.43	16840	8.44	6756	6.47	9490.3	8127.5	3260.6
高桥镇	1477.5	13839	5.93	11880	5.95	7708	7.38	9366.6	8040.7	5217.0
湖源镇	523.0	4834	2.07	4004	2.01	1482	1.42	9243.4	7657.0	2833.8
环山乡	582.6	5441	2.33	4774	2.39	2362	2.26	9337.7	8193.3	4054.0
里山乡	228.6	2071	0.89	1798	0.90	1182	1.13	9059.4	7864.5	5169.7
灵桥镇	627.5	5917	2.54	5075	2.54	1944	1.86	9428.9	8087.8	3098.0
龙门镇	319.13	3013	1.29	2657	1.33	1776	1.70	9440.7	8327.1	5565.1
渌渚镇	1014.5	9467	4.06	8048	4.03	5133	4.92	9332.3	7932.9	5059.9
鹿山街道	1019.7	9671	4.14	8127	4.07	4500	4.31	9484.4	7970.2	4413.2
上官乡	164.8	1567	0.67	1316	0.66	914	0.88	9506.7	7986.3	5544.8
受降镇	610.2	5714	2.45	4887	2.45	2647	2.53	9363.9	8009.5	4338.0
万市镇	1703.9	15554	6.67	13122	6.58	5623	5.38	9128.6	7701.6	3300.1
新登镇	3175.0	29697	12.7	25435	12.8	11610	11.12	9353.2	8011.0	3656.7
新桐乡	624.3	5828	2.50	4898	2.45	4098	3.92	9336.0	7845.3	6564.0
胥口镇	1272.4	11665	5.00	10029	5.03	5664	5.42	9168.0	7882.0	4451.5
永昌乡	602.3	5674	2.43	4875	2.44	3435	3.29	9421.6	8094.9	5703.3
渔山乡	266.2	2480	1.06	2142	1.07	2160	2.07	9316.3	8049.5	8115.7
全区平均值								9335.5	7987.6	4174.6
总计	25015.6	233354	100.00	199560	100.00	104430	100.00			

的实际单产明显小于全区实际单产平均值。

(二)产能核算结果空间分布分析

根据产能核算结果,富阳区各乡(镇)的理论单产和理论产能空间分布状况如图 4.5 所示。就理论产能而言,在地理分布上,富阳区中部乡(镇)以及西北部乡(镇)的总产能较高,主要与这些乡(镇)位于富阳的河谷平原地区、中部丘陵地区、耕地面积占有比重较大、耕地质量相对较好、耕地总量较高有关,其分布特征与富阳区农业生产的重点区域分布相一致。东北部的受降镇,东部的渔山乡、里山镇、常绿镇以及南部的湖源镇的产能总量相对较低。

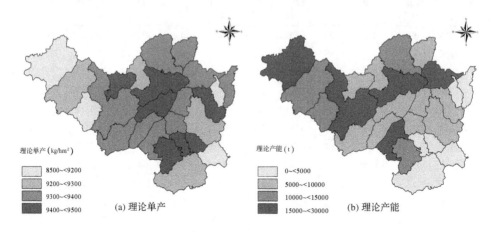

理论单产(kg/hm²)

8500~<9200
9200~<9300
9300~<9400
9400~<9500

(a) 理论单产

理论产能(t)

0~<5000
5000~<10000
10000~<15000
15000~<30000

(b) 理论产能

图4.5　富阳区各乡(镇)理论单产和理论产能空间分布

从理论单产看,由于剔除了耕地面积大小对产能总量的影响,更好也更直观地体现了区域范围内单位产能的高低。理论单产高低的空间分布表现为理论产能总量较高的区域,单产大多也较高。分布表现为东北部的高桥镇、受降镇,中部的富春街道、鹿山街道、永昌镇、新登镇、渌渚镇,东南部的常安镇、龙门镇、上官乡的单产较高,其他乡(镇)单产较低。中部乡镇的理论单产在全区较高,主要原因在自然条件上,该地区地处富阳的河谷平原地区、中部丘陵地区,土壤肥沃,交通便利,农业新技术推广和运用较为普遍。而万市镇、胥口镇、常绿镇、里山镇的理论产能较低,原因在于这些地区地形分布以山地为主,地势高、地形复杂,土壤也相对贫瘠,并且也阻碍了农业新技术(特别是农业机械)的推广和运用。总之,理论单产值大小的空间分布反映了富阳区各乡(镇)在不同地理位置的自然环境差异以及社会经济条件对耕作制度和耕地生产能力的影响。

富阳区各乡(镇)可实现单产和可实现产能空间分布状况如图4.6所示。从图4.6可知,就可实现产能而言,位于西北部的万市镇,北部的高桥镇和东洲街道,中部的新登镇、富春街道以及南部的场口镇的可实现产能较高;而东北部的受降镇、渔山乡、里山镇,东南部的常绿镇的可实现产能相对较低。其结果与这些乡镇的耕地面积比重和总量较小、耕地质量相对较差相一致。从可实现单产来看,单产与产能分布趋势大致相同。全区可实现单产最高的地区主要分布在中部的富春街道、永昌镇、环山乡和中南部的场口镇、常安镇和龙门镇等,除了因其有优越的自然条件外,这些乡(镇)是富阳区较发达的地区,资本雄厚,人口集

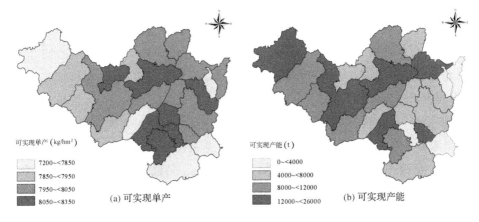

图 4.6　富阳区各乡(镇)可实现单产和可实现产能空间分布

中,劳动力充足。同时,随着工业化和城市化的推进,土地流转集中进一步加快,为提高农业投入、单位产出创造了良好的条件。对比分析可实现单产在全区较低的万市镇、新桐乡、环山镇等乡(镇),其与这些地区的地形是直接相关的。同时,地势高、地形崎岖也对农业投入造成了负面的影响:交通不便直接影响了农业投入要素的流转和分配;土地分块经营导致了农业投入的边际产出下降,对农业人才的吸引力低。此外,这些地区大部分经济发展相对滞后,资金、劳动力方面相对匮乏,也在一定程度上影响了这些地区可实现单产的提高。总之,可实现单产的空间分布在很大程度上反映了富阳区各乡(镇)的不同经济发展情况。

　　富阳区各乡(镇)实际单产和实际产能空间分布状况如图 4.7 所示。实际产

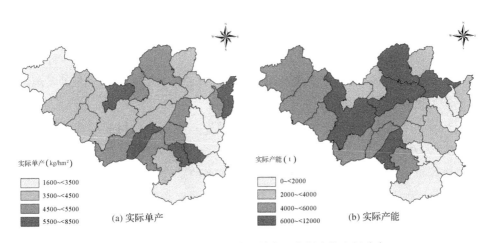

图 4.7　富阳区各乡(镇)实际单产和实际产能空间分布

能的大小直接地反映了当前自然和社会经济条件下各个地区现有产能的高低。就实际产能分布而言,北部高桥镇和东洲街道,中部新登镇、富春街道以及南部场口镇的实际产能普遍较大,这些地区地处平原,地势平坦,土壤肥沃,降雨充沛,光热充足。中部麓山街道、新桐乡等乡镇以及西北部万市镇、洞桥镇等的实际产能也比较高,耕地面积所占比例高、总量大是其高产能的一个主要原因。而东南部乡镇(湖源镇、龙门镇、常绿镇、上官乡等)由于耕地面积狭小,土壤欠肥沃,受农业生产条件的影响,实际产能较低。从实际单产来看,渔山乡、永昌镇、龙门镇、上官乡以及新桐乡的单产总体上明显高于其他地区,特别是在渔山乡、新桐乡达到全区最高,春江街道、环山乡、场口镇、渌渚镇、春建乡、高桥镇和里山镇的实际单产也比较高。麓山街道、受降镇、洞桥镇、环山乡的实际单产居中,这些地区地势相对平坦,经济条件较好。西北部的万市镇以及东南部的湖源镇、常绿镇、大源镇、灵桥镇的实际单产相对偏低。

农用地三层次产能分布存在着内在的一致性,即理论产能相对高的地方,其可实现产能和实际产能总体上也相对较高。反之,理论产能相对低的地方,可实现产能和实际产能总体上也相对较低。在单产一定的条件下,一个区域产能总量的多少取决于耕地面积的大小。耕地面积越大,产能总量就越大。因此,产能总量大的地区,其单产并一定是最高的;产能总量小的地区,其单产也并不一定是最低的。

(三)耕地利用强度和利用潜力分析

通过耕地利用强度和利用潜力计算公式,计算得出各乡(镇)的理论、可实现利用强度以及利用潜力(见表4.3)。结果显示,全区耕地理论利用强度为85.56%,可实现利用强度为52.26%,理论利用潜力为1347.96kg/hm²,可实现利用潜力为3812.99kg/hm²。全区总的理论产能总潜力为33793.20t,可实现产能总潜力达到95130.33t。

从表4.3可以看出,在富阳区各个乡(镇)中,理论利用强度最高的是龙门镇,达88.20%;其次,常安镇和环山乡也较高,分别为87.91%和87.74%;最低的是湖源镇,为82.84%。可实现利用强度最高的是渔山乡,为100.82%,其次是新桐乡,为83.68%;最低的是常绿镇,为22.54%,说明可实现利用强度在各个乡镇之间差别很大,且各个乡镇可实现利用强度都较小。从表4.3中可以明显看出,利用潜力与利用强度呈负相关关系。理论利用潜力最低的是龙门镇,为1113.69kg/hm²,理论利用潜力最高的是湖源镇,为1586.39kg/hm²;可实现利

表 4.3　富阳区各乡(镇)耕地利用强度和潜力评价结果

乡(镇)名	耕地面积(hm²)	利用强度(%)		利用潜力(kg/hm²)		产能总潜力(t)	
		理论	可实现	理论	可实现	理论	可实现
常安镇	1061.84	87.91	46.17	1144.56	4481.13	1215.34	4758.24
常绿镇	453.73	84.99	22.54	1288.53	5651.51	584.64	2564.26
场口镇	2145.17	86.26	61.16	1285.76	3134.60	2758.18	6724.26
春建乡	572.85	84.67	59.76	1422.18	3160.16	814.70	1810.30
春江街道	622.06	85.52	65.39	1349.40	2758.07	839.41	1715.69
大源镇	839.29	86.53	36.81	1245.68	5055.91	1045.49	4243.38
东洲街道	1955.76	84.70	46.00	1436.05	4293.12	2808.58	8396.32
富春街道	2072.00	85.64	40.92	1362.73	4866.91	2823.58	10084.24
高桥镇	1477.47	85.84	64.88	1325.95	2823.65	1959.06	4171.86
湖源镇	522.98	82.84	37.01	1586.39	4823.26	829.65	2522.47
环山乡	582.64	87.74	49.48	1144.44	4139.28	666.80	2411.71
里山乡	228.64	86.81	65.73	1194.91	2694.82	273.20	616.14
灵桥镇	627.51	85.78	38.30	1341.12	4989.86	841.57	3131.19
龙门镇	319.13	88.20	66.83	1113.69	2761.92	355.41	881.41
渌渚镇	1014.45	85.00	63.78	1399.43	2873.01	1419.65	2914.53
鹿山街道	1019.67	84.03	55.37	1514.19	3557.01	1543.97	3626.97
上官乡	164.84	84.01	69.43	1520.32	2441.57	250.61	402.47
受降镇	610.19	85.54	54.16	1354.33	3671.55	826.40	2240.34
洞桥镇	1081.42	84.61	52.73	1424.74	3701.47	1540.75	4002.84
万市镇	1703.87	84.37	42.85	1427.04	4401.43	2431.49	7499.47
新登镇	3175.02	85.65	45.65	1342.25	4354.31	4261.66	13825.02
新桐乡	624.26	84.03	83.68	1490.72	1280.73	930.60	799.51
胥口镇	1272.39	85.97	56.48	1286.01	3430.50	1636.31	4364.93
永昌乡	602.28	85.92	70.46	1326.67	2391.57	799.02	1440.40
渔山乡	266.15	86.40	100.82	1266.76	−66.90	337.15	−17.62
全区平均值		85.56	52.26	1347.96	3812.99		
总计	25015.61					33793.20	95130.33

用潜力最低的是渔山乡,为−66.90kg/hm²;可实现利用潜力最高的是常绿镇,为5651.51kg/hm²。各乡(镇)的耕地面积影响了理论产能总潜力、可实现产能总潜力,其中,理论产能总潜力最高的是新登镇,为4261.66t,最低的是上官乡,为250.61t;可实现总潜力最高的是新登镇,为13825.02t,最低的是渔山乡,为−17.62t。

富阳区各乡(镇)理论和可实现利用强度、利用潜力、产能总潜力对比图见图 4.8~图 4.10。从图 4.8 可以明显看出,各乡(镇)的理论利用强度普遍高于可实现利用强度,只有渔山乡理论利用强度低于可实现利用强度;而且,可实现利用强度在各个乡(镇)的差异性要明显大于理论利用强度,两个可实现利用强度差异最大的乡(镇)其差异性达 271.3%。从图 4.9 也可以很直观地看出,利用潜力与利用强度呈负相关关系,各乡(镇)理论利用潜力普遍低于可实现利用潜力,且各乡(镇)可实现利用潜力的差异性较大。从图 4.10 可以看出,受各个乡(镇)的耕地面积的影响,各个乡(镇)的理论、可实现产能总潜力差异都较大。

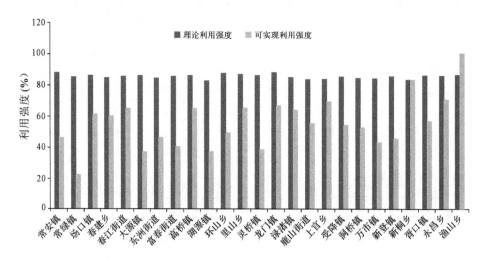

图 4.8　富阳区各乡(镇)理论、可实现利用强度对比

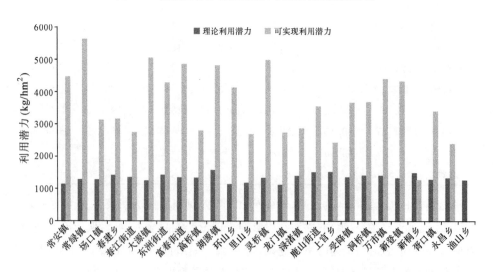

图 4.9　富阳区各乡(镇)理论、可实现利用潜力对比

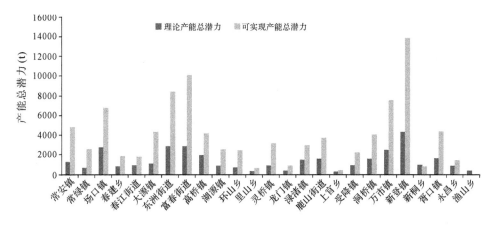

图 4.10 富阳区各乡（镇）理论、可实现总潜力对比

图 4.10 显示的产能总潜力与图 4.9 趋势相一致的一点是各乡（镇）理论产能总潜力都较小，可实现产能总潜力普遍高于理论产能总潜力。从图 4.9 和图 4.10 发现，渔山乡的可实现利用潜力以及可实现产能总潜力都是负值，这是由渔山乡实际单产以及实际产能均高于可实现单产和可实现产能造成的。

第二节　耕地管理分区研究

一、研究方法

（一）管理分区指标

一个区域的生产潜力和耕地的利用强度可以表征该区域在近期可实现的增产潜力和由政策、投入水平等因素决定的对耕地的可利用程度。针对富阳区耕地生产能力的可提升潜力，在耕地的生产利用和管理中应切实有效地根据耕地的生产实际情况有针对性地进行分区分片生产管理，确保可实现生产潜力和生产优势的发挥。研究中采用以下指标对各乡（镇）进行生产力优势分析。

1. 耕地生产力优势指数

耕地生产力优势指数（PAI）是指某乡（镇）的耕地可实现产能与全区同期的平均水平的比值，反映该乡（镇）耕地可实现的生产能力差异，其计算公式为

$$PAI_i = Y_i / Y_q \tag{4.7}$$

式中，PAI_i 为第 i 乡（镇）耕地可实现生产能力优势指数；Y_i 为第 i 乡（镇）耕地的

可实现生产力;Y_q 为全区单元耕地平均可实现产能。

2. 耕地生产规模优势指数

耕地生产规模优势指数(SAI)指某乡(镇)的耕地面积与全区平均耕地面积的比值,反映该乡(镇)耕地生产的影响力和生产规模优势。其计算公式为

$$SAI_i = S_i / S_q \tag{4.8}$$

式中,SAI_i 为耕地生产规模优势指数;S_i 为第 i 乡(镇)的耕地面积;S_q 为全市乡(镇)平均耕地面积。

3. 耕地生产增长潜力指数

耕地生产增长潜力指数(GPI)是计算耕地的可增产潜力,其定义为某乡(镇)可实现产能与实际产能相比的可增产潜力与全区平均可增产潜力的比值,用以反映该乡(镇)耕地生产的利用强度,并能在一定程度上表现该乡(镇)的现实生产技术与管理能力的差异。其计算公式为

$$GPI_i = X_i / X_q \tag{4.9}$$

式中,GPI_i 为第 i 乡(镇)的耕地生产增长潜力指数;X_i 为第 i 乡(镇)可实现产能与实际产能相比的可增产潜力;X_q 为全区各乡(镇)平均可增产潜力。

(二)聚类方法

模糊 c 均值聚类是常用的一种非监督聚类方法,并被大量用于进行土壤、地形地貌、产量和遥感数据等的分类中(Fridgen et al.,2004)。具体方法见本书第三章第三节。聚类时,经常产生的一个问题是究竟划分多少个类别才合适。由聚类有效性可知,好的聚类应提供尽可能明晰的划分。与本书第三章第三节不同的是,本节采用模糊性能指数和归一化分类熵来确定合适的聚类数并进行聚类效果优劣的检验。

模糊性能指数(FPI)是数据矩阵 **X** 的模糊 c-分区间分离程度的度量,可定义为

$$FPI = 1 - \frac{c}{(c-1)} \left[1 - \sum_{k=1}^{n} \sum_{i=1}^{c} (u_{ik})^2 / n \right] \tag{4.10}$$

FPI 的值在 0 到 1 之间变动。若该值接近 0 表示聚类时共用数据较少,类的划分明显。若该值接近 1 则表示具有较多的共用数据,类的划分不明显。FPI 的值越小聚类效果越好。

归一化分类熵(NCE)是用来模拟数据矩阵 **X** 的模糊 c-分区的分解量。其

中分类熵(H)可用下列函数定义

$$H(U;c) = -\sum_{k=1}^{n}\sum_{i=1}^{c} u_{ik}\log_a(u_{ik})/n \tag{4.11}$$

式中,对数的底数 a 可为任意正整数。H 的值在 0 到 $\log_a(c)$ 之间变动。由于当 c 为 1 和 n 时,H 都等于 0,因此 Bezdek(1984)在分类熵的基础上提出了归一化分类熵的概念,NCE 越小则模糊 c 分区的分解量越大,分类效果越好。

$$\text{NCE} = H(U;c)/[1-(c/n)] \tag{4.12}$$

二、管理分区结果分析

通过计算得到各乡(镇)的 PAI、SAI 和 GPI 指数,将这三个指数一起作为输入变量用于模糊 c 均值聚类分析中,取最大迭代次数为 300,收敛阈值为 0.001,模糊加权指数为 2。执行分类后,得到初步的分类结果。为了找出最佳分区数,分别产生 2、3、4、5、6 个类别,计算并比较每一类的模糊性能指数(FPI)和归一化分类熵(NCE)的值,在分类类别为 4 类时,这两个值均取得最小值。

为了确定分区结果显示的各区在空间上是否具有显著的差异性,以最佳分区数为 4 个区,对各乡(镇)的 PAI、SAI、GPI 指数进行均值统计和单因素方差分析(见表 4.4),结果显示三个指数在 99% 的置信水平上都具有极显著差异。

按生产管理分区的特点和要求可将全区的乡(镇)划分为四大生产管理区域:核心提升区(区域Ⅰ)、优化建设区(区域Ⅱ)、发展保护区(区域Ⅲ)和持续保养区(区域Ⅳ)(如图 4.11 所示)。四个区域的 PAI、SAI 和 GPI 如表 4.4 所示,各区域间存在明显差异,与富阳区耕地的地理分布特点、各乡(镇)的耕地占有量和产能分布特征相一致。

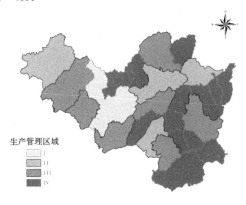

图 4.11　富阳区耕地综合生产管理分区

表 4.4　生产管理区域指标均值统计

生产管理区域	乡(镇)数目	指标		
		PAI	SAI	GPI
Ⅰ	1	3.19	3.17	3.63
Ⅱ	4	1.97	1.97	2.15
Ⅲ	7	1.11	1.11	1.05
Ⅳ	13	0.47	0.48	0.41
方差分析	F	109.54	118.09	86.18
	Prob>F	0.000	0.000	0.000

　　结果显示,Ⅰ区的 PAI、SAI 和 GPI 均大于 3,表明该区域相对全区其他乡(镇)不仅在耕地生产能力方面具有绝对的优势,耕地生产影响力和生产规模优势很强,而且具有较大的单位面积生产潜力;Ⅱ区的 PAI、SAI 和 GPI 都接近 2,表明虽然该区域相对Ⅰ区各方面生产力优势稍差,但其指数平均值得分均超过1.5,还是具有较强的耕地生产能力、生产规模优势和单位面积生产增长潜力的;Ⅲ区的 PAI、SAI 和 GPI 为 1.05~1.11,表明该区域相对Ⅰ区和Ⅱ区生产力优势、规模优势以及单位面积生产增长潜力较小;Ⅳ区的各项指标均是最小的,该区域的耕地生产影响力、生产规模优势和单位面积生产增长潜力相对其他区域很小。各区域的综合生产能力与潜力状况及单位面积生产能力与潜力状况如表4.5 和表 4.6 所示。

表 4.5　富阳区分区综合生产能力与潜力状况

区域	耕地面积		可实现产能		实际产能		可实现增产潜力	
	总量 (hm²)	比例 (%)	总量 (hm²)	比例 (%)	总量 (hm²)	比例 (%)	总量 (hm²)	比例 (%)
Ⅰ	3175.02	12.69	25435.00	12.75	11610.00	11.12	13825.02	14.53
Ⅱ	7876.80	31.49	62824.29	31.48	30120.00	28.84	32704.29	34.38
Ⅲ	7766.53	31.05	62105.75	31.12	34023.00	32.58	28082.75	29.52
Ⅳ	6197.26	24.77	49195.27	24.65	28677.00	27.46	20518.27	21.57
总计	25015.61	100.00	199560.30	100.00	104430.00	100.00	95130.33	100.00

表 4.6　富阳区分区单位面积生产能力与潜力状况

区域	耕地面积 （hm²）	比例 （%）	单位面积 可实现产能 （kg/hm²）	单位面积 实际产能 （kg/hm²）	单位面积可 实现增产潜力 （kg/hm²）
I	3175.02	12.69	8010.98	3656.67	4354.31
II	7876.80	31.49	7975.87	3823.89	4151.98
III	7766.53	31.05	7996.59	4380.72	3615.87
IV	6197.26	24.77	7938.23	4627.37	3310.86
全区平均值			7977.43	4174.59	3802.84
合计	25015.61	100.00			

（一）核心提升区（区域 I）

该区域是单位面积可实现产能总量和单位面积可实现增产潜力最高的区域。从地理分布而言,该区域只包括一个镇,即新登镇。该镇地处接近平原,地势平坦,土壤肥沃,降雨充沛,光热充足,是富阳区耕地质量等级高,农业生产环境较好,综合生产能力最高的区域。该区域耕地面积总计 3175.02hm²,占全区耕地总面积的 12.69%;耕地实际产能总量 11610.00t,占全区耕地实际总产能的 11.12%;可实现产能总量 25435.00t,占全区耕地可实现总产能的 12.75%;可实现增产潜力总量为 13825.02t,占全区可实现总增产潜力的 14.53%。从结果可知,虽然该区域耕地面积和产量总量占富阳区比例较小,但该区域内的 PAI、SAI、GPI 比其他三个区域要明显高很多,该区域单位面积可实现产能、单位面积可实现增产潜力也均高于全区平均水平,而其单位面积实际产量却低于全区平均水平。因此,该区块应是富阳区需要重点规划和提升的区域,是全区实际整体生产能力和产能提升的核心区域,应加强高标准基本农田建设,发展规模化粮食功能区,加强农田的保护和提高农田质量,减少闲置农田和强化测土配方施肥技术,以提高耕地的生产能力和产出总量,从而提高耕地综合生产能力。

（二）优化建设区（区域 II）

该区域分布于平原盆地周边的低山丘陵地区。该区域耕地面积 7876.80hm²,占全区耕地面积的 31.49%;耕地实际产能总量 30120.00t,占全区耕地实际总产能的 28.84%;可实现产能总量 62824.29t,占全区耕地可实现总产能的 31.48%;可实现增产潜力总量为 32704.29t,占全区可实现总增产潜力的 34.38%,是全区范围内增产潜力最大的区域。该区域耕地面积和可实现产量总量占全区比例最大,PAI、SAI、GPI 三个指数值都很高,超过全区的平均值。虽然,耕地质量等级相对核心提升区较低,但从表 4.5 和表 4.6 来看,该区域内的单位面积可实现产能以及可实现增产潜力都很大。因此,该区域应作为保障全区粮食平稳发展的重点区域,在生产和利用管理上发挥现有耕地种植面积的优势、进一步优化和建设现有耕地,提高耕地质量,并且也要注意提高耕地的生产能力和产出总量,从而提高耕地综合生产能力。

(三)发展保护区(区域Ⅲ)

该区域包括 7 个乡(镇),在富阳区分布比较分散,主要位于低山丘陵区。该区域耕地面积 7766.53hm²,占全区耕地面积的 31.05%;耕地实际产能总量 34023.00t,占全区耕地实际总产能的 32.58%;可实现产能总量 62105.75t,占全区耕地可实现总产能的 31.12%;可实现增产潜力总量为 28082.75t,占全区可实现总增产潜力的 29.52%。从表 4.5 可看出,该区域内的单位面积可实现产能较大,高于全区平均值;单位面积实际产能也已经达到较高水平,超过了全区平均值,所以相应的单位面积可实现增产潜力就低于区平均值。因此,该区域同样作为富阳区粮食产出的重要区域,在利用管理上应充分发挥其耕地面积的优势,逐步改良现有基础农田设施,促进耕地质量的保育和确保粮食生产的可持续利用和发展。

(四)持续保养区(区域Ⅳ)

该区域包括 13 个乡(镇),在地理分布上,大部分乡(镇)主要位于富阳区的东部,以山地丘陵为主。该区域耕地面积 6197.26hm²,占全区耕地面积的 24.77%;耕地实际产能 28677.00t,占全区耕地实际总产能的 27.46%;可实现产能 49195.27t,占全区耕地可实现总产能的 24.65%;可实现增产潜力为 20518.27t,占全区可实现总增产潜力的 21.57%。从表 4.6 可以看出这个区的单位面积的可实现产能和增产潜力都较低,而实际产能已高出全区平均值较多。该区域 PAI、SAI、GPI 三个指数值是四个区里最小的,远远低于其他三个区。因此,该区域在生产和利用管理上,提升产能的潜力远没有其他三个区大,该区域应采用保护耕地政策,加强现有耕地的养护和合理利用,结合各乡(镇)经济发展的需要,确保农业可持续利用。

三、小　结

富阳区耕地可实现产能总量达 199560.30t,实际产能 104430.00t,可实现产能是实际产能的 1.91 倍;可实现总增产潜力为 95130.33t,说明富阳区产能存在较大的提升和发展潜力,通过对耕地合理利用与管理,能有效提升耕地生产能力,从而对提升富阳区的粮食总产量具有现实意义。

在耕地产能核算的基础上,又根据各乡(镇)生产规模指数、可实现生产力指数以及生产增长潜力指数,将富阳区耕地进行了管理分区,划分为核心提升区、优化建设区、发展保护区、持续保养区,并分别提出各区的耕地管理措施。通过管理分区,可以为提升富阳区耕地生产能力和粮食总产量提供依据以及实现各区之间有针对性、区别化利用管理。

参考文献

崔永清,门明新,许皞,等,2008. 河北不同耕作区综合产能空间分异规律[J]. 农业工程学报,24(5):84-89.

杜红亮,陈百明,2007. 河北省耕地保护重点区域的划分与调控[J]. 自然资源学报,22(2):171-176.

刘玉,刘彦随,薛剑,等,2009. 海河冲积平原区耕地综合产能核算及其分区利用[J]. 资源科学,31(4):598-603.

门明新,张俊梅,刘玉,等,2009. 基于综合生产能力核算的河北省耕地重点保护区划定[J]. 农业工程学报,25(10):264-271.

苏伟忠,杨桂山,顾朝林,2007. 苏州市耕地保护等级评价[J]. 自然资源学报,22(3):353-360.

谢俊奇,蔡玉梅,郑振源,等,2004.基于改进的农业生态区法的中国耕地粮食生产潜力评价[J]. 中国土地科学,18(4):31-37.

郑新奇,闫弘文,2999. 耕地资源分级评价[J]. 国土与自然资源研究(2):44-47.

Bezdek J C, Ehrlich R, Full W, 1984. FCM: The fuzzy c-means clustering algorithm[J]. Computers & Geosciences,10(2): 191-203.

第五章 耕地土壤地球化学元素特征及空间格局

第一节 土壤的地球化学元素特征

一、大量元素地球化学特征

植物至少需要十几种营养元素才能保证正常的生长,这些元素分为必需元素和有益元素,前者指的是在生长发育过程中,植物必需的、不能被替代的营养元素,而按照需求量的不同,又可以将其分为大量、微量元素。对植物而言,最基本的组成元素是碳,它来自空气,在植物死亡后又重新变成有机碳,在土壤中储存。另外氢、氧两种元素不仅是植物体内各种重要有机化合物的组成元素,而且在植物体内的各种生物氧化还原过程中也起着十分重要的作用,因此碳(C)、氢(H)、氧(O)、氮(N)、磷(P)、硫(S)、钾(K)等为大量营养元素(黄昌勇,2011)。

(一)元素丰度

蛋白质是植物细胞中酶、细胞核、细胞质的重要构成,而蛋白质最重要的成分是氮。氮(N)在叶绿素中能够参与到光合作用,作为细胞分裂素、吲哚乙酸等植物激素的组成元素参与调控生长发育过程。所以,在植物的生命活动过程中,氮的地位是不可取代的,被称为生命元素。当植株缺氮时,蛋白质等含氮物质的合成受阻,叶绿素含量降低,从而导致植株不高、叶片小、颜色淡。富阳区表层土壤中 N 含量的平均值为 139.57mg/kg,最大值为 299mg/kg,最小值为 12mg/kg。总体来说,富阳区表层土壤 N 含量丰富(见表 5.1)。

表 5.1　富阳区表层土壤大量元素含量统计

元素	样点数（个）	平均值（mg/kg）	全国土壤平均值（mg/kg）	最小值（mg/kg）	最大值（mg/kg）	变异系数（％）	标准差（mg/kg）
N	111	139.57	/	12.00	299.00	37.19	51.91
P	2622	35.89	520	0.05	1313.00	191.84	68.85
K	3619	114.21	1.79	10.20	1939.90	88.51	101.09
OM	3617	3.04	0.35	0.11	10.40	33.22	1.01
S	3545	84.36	/	0.20	2022.60	126.09	106.37
Ca	509	1187.42	1.54	0.86	16838.80	128.22	1522.52

注:/表示未找到全国平均值。

在植物体内,其他有机物和磷结合之后产生辅酶、核酸、磷脂,而这些成分又是植物的组成部分或参与重要的代谢过程,因此,磷(P)也是一种生命元素。P与N的营养有密切关系,它能加强植物对土壤养分的吸收能力,促进作物的生长,增加产量,缺磷会阻碍蛋白质的合成,引起发育不良,植物幼芽和根尖生长缓慢,导致叶小,分枝减少,植株明显矮小,推迟成熟,产量下降。研究区表层土壤中 P 含量的平均值(35.89mg/kg)低于全国平均值(520mg/kg)。P 含量最大值为 1313mg/kg,最小值为 0.05mg/kg。富阳区表层土壤中 P 含量较缺乏。

钾(K)是植物必需的元素之一,它可以通过激活多种代谢活动中酶的活性从而促进蛋白质的形成,植物体内碳水化合物的形成和运输也离不开钾,通过促进糖分转移和淀粉形成而提高作物产量。缺钾表现为叶片长褐色斑点,叶子的边缘和尖头部分枯死,茎秆柔弱容易倒伏。K 在表层土壤中的含量(114.21mg/kg)高于全国土壤平均值(1.79mg/kg)。K 含量最大值为 1939.9mg/kg,最小值为 10.2mg/kg,富阳区表层土壤中 K 含量较缺乏。

有机质(OM)是土壤的重要组成部分,为土壤微生物的生命活动提供能量,也深刻影响着土壤的物理性质、化学性质和生物学性质。富阳区表层土壤中有机碳平均含量为 3.04％,远高于全国土壤平均值,OM 含量最大值为 10.4％,采样于富春街道的泥沙田,OM 含量最小值为 0.11％,采样于洞桥镇的水稻田剖面。总体来说,富阳区表层土壤中有机碳和总碳含量较丰富。

硫(S)和钙(Ca)是植物生长必需的营养元素,硫有利于植物蛋白质的合成,钙影响碳水化合物的运输。S 的平均含量为 84.36mg/kg,最大值为 2022.60mg/kg,最小值为 0.20mg/kg。表层土壤中 Ca 的含量(1187.42mg/kg),远远高于全国平均值（1.54mg/kg），Ca 含量最大值和最小值分别为 16838.8mg/kg 和 0.86mg/kg，范围相差很大。总体来说，富阳区表层土壤中 Ca 含量非常丰富。

从标准差看，钙元素的标准差最大，数据离散程度最高，OM 含量数据的离散程度最小。从变异系数看，表层土壤中 OM 变异系数最小，仅为 33.22%，所以稳定性较强；变异性最大的是 P，变异系数达 191.84%；S 和 Ca 的变异系数也较大，分别为 126.09% 和 128.22%。各养分变异系数的大小顺序为 P＞Ca＞S＞K＞N＞OM。土壤中磷变异大可能与施磷量高有关，硫和钙的移动性差，所以变异系数大，土壤中钾含量高低主要取决于母质，母质差异小，因此钾变异相对小。

（二）评价结果

依据《中国土壤元素背景值》中全国土壤（A 层）环境背景值基本统计量以及全国土壤养分含量分级标准（中国环境监测总站，1990），列出土壤大量元素的分级标准，见表 5.2，富阳区表层土壤大量元素含量分级统计表见表 5.3，富阳区土壤各大量元素点位分级图见图 5.1。

表 5.2　土壤大量元素含量分级标准

元素	分级					
	一级	二级	三级	四级	五级	六级
N(mg/kg)	＞150	120～150	90～120	60～90	30～60	≤30
P(mg/kg)	＞40	20～40	10～20	5～10	3～5	≤3
K(mg/kg)	＞200	150～200	100～150	50～100	30～50	≤30
OM(%)	＞4	3～4	2～3	1～2	0.6～1	≤0.6
S(mg/kg)	＞248	187～248	150～187	122～150	≤122	
Ca(mg/kg)	＞1000	700～1000	500～700	300～500	≤300	

表 5.3　富阳区表层土壤大量元素含量分级统计

单位：%

元素	N	P	K	OM	S	Ca
六级	1.80	3.74	3.89	0.30		
五级	5.41	5.00	15.98	0.72	81.60	18.86
四级	9.91	23.15	40.19	12.51	4.68	13.56
三级	21.62	28.57	18.00	39.09	4.85	11.79
二级	18.92	19.56	9.60	31.66	4.08	18.07
一级	42.34	19.98	12.34	15.72	4.79	37.72
一、二级之和	61.26	39.54	21.94	47.38	8.87	55.79

从表 5.3 可知,表层土壤 N 含量主要属于一级,达到一、二、三级标准的样点数分别为 47、21 和 24 个,分别占总样本的 42.34%、18.92% 和 21.62%,总的来说,N 含量丰富,高值点位主要分布在西北部的万市镇、洞桥镇,南部的新登镇、渌渚镇,低值点位在洞桥镇。

表层土壤 P 各级含量分布相对平均,依次为一级(19.98%)、二级(19.56%)、三级(28.57%)、四级(23.15%)、五级(5.00%)和六级(3.74%),高含量点位和低含量点位在全区内均有零散分布。

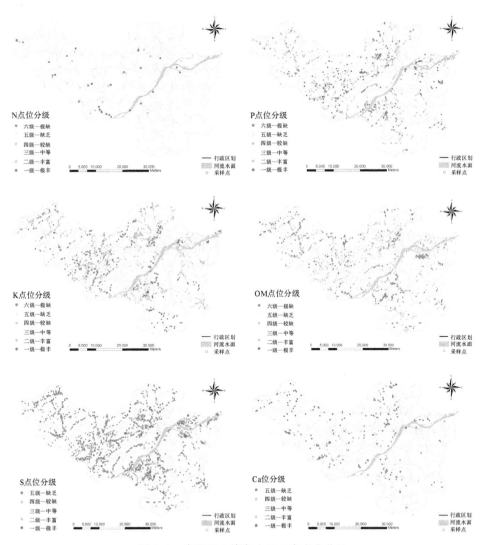

图 5.1 富阳区土壤各大量元素点位分级

表层土壤 K 含量主要属于四级,占了总样本的 40.19%,二级和六级所占比例较少,其他各级相差不大,高值点位主要分布在西北部的万市镇、洞桥镇、胥口镇和新登镇,北部的春建乡和高桥镇,南部的环山乡、常安镇以及湖源镇,其他乡镇也有零星分布。低值点位主要集中在北部的高桥镇和富春街道。

表层土壤 OM 含量主要属于二、三级,共占了总样本的 70.75%,一级和四级次之,分别占了 15.72% 和 12.51%。其高值点位在各乡镇均有分布,其低值点位主要分布在富阳区南部的几个乡(镇)。

表层土壤 S 含量主要属于五级,占了总样本的 81.60%,其他各级所占比例相当,不超过 5%。Ca 含量主要属于一级,占了 37.72%,其他各级分布较平均,二级占了 18.07%,三级占了 11.79%,四级占了 13.56%,五级占了 18.86%。低值点位主要分布在中部的几个乡(镇)。

二、微量元素地球化学特征

微量元素是相对植物营养元素而言的,也在自然界中普遍存在,但是其含量很小,它们在土壤和植物中的含量不超过 0.01%,植物除了需要大量元素以外,还需要吸收极少量的微量元素,已证明植物必需的微量元素有铁(Fe)、锰(Mn)、铜(Cu)、锌(Zn)、硼(B)、钼(Mo)、氯(Cl)等。由于微量元素在植物体中多为酶、辅酶的组成成分和活化剂,它们的作用有很强的专一性,一旦缺乏,植物便不能正常生长。但是,铜和锌同时又是重金属元素,当含量过高就会影响植物的生长发育以及人类的身体健康。

(一)元素丰度

硼(B)是植物生长发育必需的微量营养元素,它的主要营养功能为:促进植物体内碳水化合物的运输和代谢;促进结实。缺硼的植物茎尖生长点生长会受抑制,老叶叶片畸形,根短粗,结实率低。富阳区的 B 含量平均值为 0.45mg/kg,远低于浙江省和全国土壤平均含量(见表 5.4)。B 含量最大值为 15.61mg/kg,最小值为 0.01mg/kg。总体来说,富阳区表层土壤 B 含量极其缺乏。

在 17 种必需营养元素中,植物对钼(Mo)元素的需求量最小,它参与植物体内光合作用和呼吸作用,促进有机磷化合物的形成,帮助碳水化合物的运输,植物缺钼时,老叶先失绿。Mo 含量的平均值为 1.18mg/kg,略低于全国土壤平均值(2.0mg/kg)。富阳区 Mo 含量最大值为 56.64mg/kg,最小值为 0.02mg/kg。富阳区表层土壤 Mo 含量总体上较缺乏。

锰(Mn)元素在植物体内含量较高。锰在植物体内的作用是多方面的,它促进种子萌发和幼苗生长,直接参与光合作用,是多种酶的活化剂,也参与氮的转化、碳水化合物的转化等。植物缺锰时表现出幼叶叶片失绿并出现杂色斑点。富阳区表层土壤中 Mn 平均值为 35.74mg/kg,远远低于浙江省和全国丰度值,最大值为 273.93mg/kg,最小值为 0.78mg/kg,富阳区表层土壤 Mn 严重缺乏。

锌(Zn)和铜(Cu)也是植物必需的微量元素。两者都是多种酶的组分或活化剂,都参与光合作用,提高光合效率,都参与植物生长中的各种代谢,Zn 促进蛋白质代谢,Cu 参与氮素代谢等。富阳区表层土壤中的 Zn 含量高于浙江省和全国土壤平均值,分别是浙江省和全国土壤平均值的 2.2 倍和 1.92 倍,Zn 含量最大值为 1114.60mg/kg,最小值为 11.83mg/kg,富阳区表层土壤 Zn 含量偏高。Cu 含量为 9.14～297.29mg/kg,表层土壤 Cu 含量的平均值为 35.88mg/kg,是浙江省土壤平均值的 2.04 倍,是全国土壤平均值的 1.59 倍,最大值采样于常安镇水稻田,最小值采样于新登镇山地黄泥土,总体来说富阳区表层土壤 Cu 含量偏高。由于 Zn 和 Cu 含量均超出了全国土壤平均值,含量都偏高,因此对于这两种元素不采用微量元素的分级标准,而是将其划为重金属元素来考虑。

在此只分析 B、Mo、Mn 三种元素。从标准差看,Mn 的标准差最大,数据离散程度最大,B 的标准差最小,数据最集中。从变异系数看,表层土壤中 B、Mo、Mn 三种元素的变异性都大,从大到小依次为 Mo(228.81%)、B(135.56%)、Mn(103.83%)。Mo、Mn 的变异性较大可能是由于其在土壤中的可移动性较差。

表 5.4　富阳区表层土壤微量元素含量统计

元素	样本数(个)	平均值(mg/kg)	浙江省土壤平均值(mg/kg)	全国土壤平均值(mg/kg)	最小值(mg/kg)	最大值(mg/kg)	变异系数(%)	标准差(mg/kg)
B	3716	0.45	38.50	47.80	0.0076	15.61	135.56	0.61
Mo	714	1.18	7.00	2.00	0.02	56.64	228.81	2.70
Mn	476	35.74	448.00	583.00	0.78	273.93	103.83	37.11
Zn	278	142.80	70.60	74.20	11.83	1114.60	81.61	116.54
Cu	278	35.88	17.60	22.60	9.14	297.29	89.07	31.96

(二)评价结果

根据《中国土壤元素背景值》列出的土壤微量元素含量分级标准(见表5.5),对富阳区表层土壤微量元素样本进行含量分级统计(见表5.6),可知 B 主要属于四级,占了总样本量的 60.58%。一级和二级之和仅仅占了 4.87%,明显 B 含量缺乏。高值点位主要在万市镇、新登镇和渌渚镇。土壤各微量元素含量的点位分布见图 5.2。

Mo 的含量主要属于五级,占了总样本量的 67.37%,其余各级的含量都不高,均低于总样本量的 20%。高值点位主要集中在场口镇、常安镇和湖源镇,其他几个乡镇也有零散分布,总体来说,富阳区 Mo 含量缺乏。

Mn 的一、二、三级含量相差不大,分别为 39.92%、23.32%、30.88%,四级和五级含量很少,共占总样本量的 5.88%,由此可看出 Mn 含量整体较丰富,元素点位分布零散。

表 5.5　土壤微量元素含量分级标准

单位:mg/kg

元素	分级				
	一级	二级	三级	四级	五级
B	>2.0	1.0~2.0	0.5~<1.0	0.2~<0.5	<0.2
Mo	>5.0	2.3~5.0	1.1~<2.3	0.7~<1.1	<0.7
Mn	>30	15~30	5.0~<15	1.0~<5.0	<1.0
Zn	>3.0	1.0~3.0	0.5~<1.0	0.3~<0.5	<0.3
Cu	>36.6	27.3~36.6	20.7~<27.3	14.9~<20.7	<14.9

表 5.6　富阳区表层土壤微量元素含量分级统计

单位:%

元素	B	Mo	Mn
五级	13.99	67.37	0.21
四级	60.58	1.96	5.67
三级	20.56	9.10	30.88
二级	4.20	18.77	23.32
一级	0.67	2.80	39.92
一、二级之和	4.87	21.57	63.24

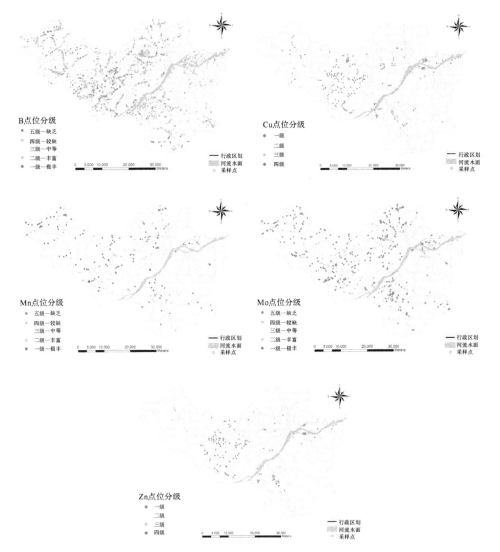

图 5.2 富阳区土壤微量元素点位分级

三、土壤重金属元素地球化学特征

重金属元素一般指密度大于 $4.5\mathrm{g/cm^3}$ 的金属元素,这些元素不仅不具备任何生理功能反而阻碍植物的发育,因为当离子浓度过高时,它们的毒性会明显显现,从而造成重金属污染,并直接影响农作物的生长和农产品的质量,严重影响环境质量(陈怀满,2002)。在当前环境污染研究中,重金属污染元素有汞(Hg)、镉(Cd)、铅(Pb)、铬(Cr)、铜(Cu)、锌(Zn)、砷(As)等。

（一）元素丰度

砷（As）浓度较低时会对植物产生刺激作用。若植株摄入过量 As，就会受害。其症状是叶枯萎，植物生长发育受到显著抑制，甚至死亡。As 对人体也有毒害作用，潜伏期长，有致癌作用。研究区表层土壤 As 含量的平均值为8.67mg/kg，低于浙江省土壤背景值和全国土壤背景值（见表 5.7）。As 含量最大值为 52.97mg/kg，最小值为 0.85mg/kg。总的来说，富阳区表层土壤 As 含量较低。

镉（Cd）的化合物毒性极大，且具有积蓄性。其会妨碍植物对磷、钾的吸收，也会引起人体高血压等。Cd 的含量跨度小，表层土壤中为 0.09～2.63mg/kg；表层土壤均值为 0.33mg/kg，是浙江省背景值的 4.7 倍，是全国土壤背景值的3.4 倍，由此可知 Cd 在研究区表层土壤中含量较高。

镍（Ni）的毒性相比于其他重金属元素较低。Ni 含量范围 0.13～61.77mg/kg。Ni 在研究区内表层土壤均值为 18.77mg/kg，均低于浙江省背景值和全国土壤背景值，可见富阳区表层土壤 Ni 含量较低。

汞（Hg）是有毒重金属元素，不会分解而长期残留在环境中，植物根系叶片均可吸收 Hg，对植物生长发育的影响主要有抑制光合作用、根系生长和养分吸收等。富阳区 Hg 的含量范围为 0.04～1.23mg/kg，表层土壤的均值为 0.15mg/kg，是浙江省背景值的 1.74 倍，是全国土壤背景值的 2.31 倍，Hg 在富阳区含量相对较多。

过多的铅（Pb）会抑制某些酶的活性，不利于植物对养分的吸收，Pb 对人体神经系统、血液和血管有毒害作用。富阳区 Pb 含量跨度范围较大，表层土壤中为 14.55～153.04mg/kg，均值为 30.09mg/kg，略微超出浙江省和全国土壤背景值。

铬（Cr）是重要的有毒重金属元素之一，土壤中 Cr 含量超过一定限度，就会影响土壤酶的活性，通过抑制土壤的呼吸作用而影响微生物的生化代谢，也会影响 N、P 的转化而抑制硝化作用和氨化作用，并且由于不能被微生物分解，所以能通过食物链在人体内富集，危害人类健康。富阳区表层土壤 Cr 含量跨度范围较大，为 0.75～322.77mg/kg，均值为 40.42mg/kg，低于浙江省和全国土壤背景值，富阳区 Cr 含量很低。

从标准差来看，Zn 元素标准差最大，数据离散程度最大，Cu、Cr、Pb、Ni 元素的标准差较大，数据离散程度较高，而 As、Cd 和 Hg 含量数据的离散程度则较小。从变异系数来看，从大到小排序为 Cd＞Cu＞Zn＞Hg＞Pb＞As＞Ni＞Cr，可知 Cd、Cu、Zn、Hg 和 Pb 的平均变异程度较强，而这五种元素的含量又高于背景值，说明它们的分布存在异常，受外来影响的可能比较大，可能存在重金属污染的现象；As、Ni 和 Cr 元素的平均变异程度较小，而 As、Ni 和 Cr 元素含量小于背景值，说明其受外来影响较小，受成土母质、地形等因素影响的可能性更大。

表5.7 富阳区表层土壤重金属元素含量统计

元素	样本数（个）	平均值（mg/kg）	浙江省土壤背景值（mg/kg）	全国土壤背景值（mg/kg）	最小值（mg/kg）	最大值（mg/kg）	变异系数（%）	标准差（mg/kg）
As	278	8.67	9.20	11.20	0.85	52.97	61.34	5.32
Cd	278	0.33	0.07	0.097	0.09	2.63	98.09	0.32
Ni	278	18.77	24.60	26.90	0.13	61.77	54.00	10.13
Hg	278	0.15	0.086	0.065	0.04	1.23	81.47	0.12
Pb	278	30.09	23.70	26.00	14.55	153.04	63.51	19.11
Zn	278	142.80	70.60	74.20	11.83	1114.60	81.61	116.54
Cu	278	35.88	17.60	22.60	9.14	297.29	89.07	31.96
Cr	278	40.42	52.90	61.00	0.75	322.77	53.09	21.46

（二）评价结果

依据国家《土壤环境质量标准》(GB 15618—95)中列出的土壤重金属含量分级标准(见表5.8)，对富阳区表层土壤重金属元素样本进行含量分级统计(见表5.9)，从表5.9可以看出，表层土壤 As 元素几乎都属于一级，占了总样本量的91.73%，二级、四级次之，分别为7.91%和0.36%，没有三级土壤，土壤各重金属元素点位分级见图5.3。

表层土壤 Cd 主要属于一、二级，共占总样本数的71.94%，其次是三级土壤占24.46%，四级土壤占3.60%，本区 Cd 有较重污染。

Ni 也主要属于一、二级，总和比例高达99.28%，仅有0.72%属于三级土壤，没有四级土壤。Hg 元素主要属于一级，占总样本数的71.58%，一、二级总和也达94.96%，没有四级土壤。Pb 元素全部属于一、二级，其中一级占总样本数的84.53%。

Zn 含量一、二级相当，一级占41.37%，二级占44.60%，其次是三级(11.87%)和四级(2.16%)。Cu 元素主要属于一级，占总样本数的74.10%，其他从大到小依次为二级（12.59%），三级（13.31%），没有四级。Zn 和 Cu 的高值区都集中在常安镇。Cr 几乎都属于一级，占总样本数的 99.28%，二级和三级各一个样点，共占 0.72%，没有四级土壤。

表 5.8　土壤重金属含量分级标准

单位：mg/kg

元素	一级	二级			三级	四级
	自然背景	<6.5	6.5~7.5	>7.5	>6.5	
As	15	40	30	25	40	>40
Cd	0.2	0.3	0.3	0.6	1.0	>1.0
Ni	40	40	50	60	200	>200
Hg	0.15	0.3	0.5	1.0	1.5	>1.5
Pb	35	250	300	350	500	>500
Zn	100	200	250	300	500	>500
Cu	35	50	100	100	400	>400
Cr	90	250	300	350	400	>400

表 5.9　富阳区表层土壤重金属元素含量分级统计

单位：%

元素	一级	二级	三级	四级	一、二级之和
As	91.73	7.91	0	0.36	99.64
Cd	30.93	41.01	24.46	3.60	71.94
Ni	97.84	1.44	0.72	0	99.28
Hg	71.58	23.38	5.04	0	94.96
Pb	84.53	15.47	0	0	100.00
Zn	41.37	44.60	11.87	2.16	85.97
Cu	74.10	12.59	13.31	0	86.69
Cr	99.28	0.36	0.36	0	99.64

四、小　结

研究区表层土壤中大量元素 N 和 Ca 含量丰富，丰富及以上等级的土壤分别占总面积的 60% 以上和 50% 以上；土壤中 P 和 OM 相对丰富，P 含量中等及以上的土壤约占评估区面积的 70%，OM 含量中等及以上土壤占 85% 以上；土壤中 K 含量相对较缺乏，较缺乏及以下等级的土壤占评估区面积的 60% 以上；土壤中 S 缺乏，缺乏区面积占评估区面积的 80% 以上。

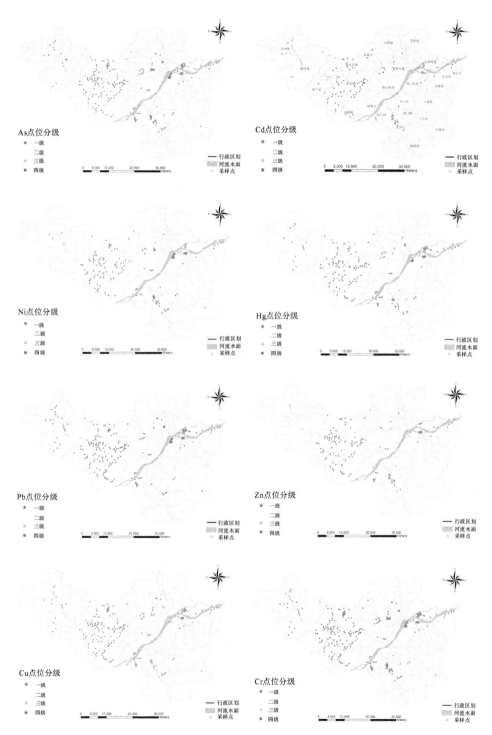

图 5.3 富阳区土壤重金属元素点位分级

研究区表层土壤中微量元素 B 比较缺乏,较缺及以下等级的土壤占评估区面积的 70％以上;土壤中 Mo 元素缺乏,缺乏区面积占评估区面积的 65％以上;土壤中 Mn 元素含量丰富,丰富及以上等级土壤占 60％以上。

研究区表层土壤总体上重金属元素较低,其中 As、Ni 和 Cr 元素含量低于一级(自然背景值)的面积分别占 91.73％、97.84％和 99.28％;Pb、Hg、Cu 元素含量稍微偏高,但总体也较低,低于一级的面积分别占 84.53％、71.58％、74.10％,Zu 和 Cd 元素含量相对较高,低于自然背景值的面积仅占 41.37％和 30.93％,基本属于二级。

研究区表层土壤以酸性为主,酸性和强酸性两者占研究区总面积的 72.66％,中性偏碱性的土壤占 27.18％,没有强碱性土壤,研究区表层土壤可能已经出现酸化的问题。

从以上分析可见,研究区表层土壤中大量元素 S 和 K 的含量相对较缺乏,80％以上的代表面积土壤 S 元素含量普遍偏低,除了东北部、中部和西南部几个乡(镇)的局部,其他区域均应根据当地种植情况合理补充硫肥;60％以上的代表面积土壤 K 元素含量普遍偏低,几乎每个乡(镇)都需要合理补充钾肥。

研究区表层土壤中微量元素 B 和 Mo 缺乏,70％以上的代表面积土壤硼元素含量普遍偏低,除了东洲街道的极小部分区域,全区都需要不同程度地补充硼肥,而对北部、西北部和中部的乡镇注意合理补充钼肥。

第二节　土壤地球化学元素的空间分布格局

土壤作为一个时空连续的变异体,具有高度的空间异质性(李菊梅等,1998),土壤元素也在空间分布上存在着一定的相关性和依赖性,对其空间分布格局进行分析,有助于了解土壤元素分布的规律和变化趋势。本研究采用地统计学的方法,对大量元素、微量元素和重金属元素的空间分布和变异特性进行分析。

一、数据分析方法

地统计学也称为地质统计学,它以区域化变量理论为基础,研究变量的结构性和随机性、空间相关性和依赖性、空间格局与变异,以求最优无偏内插估计量为核心,被广泛运用于地学领域中(孟健等,2002)。地统计学由分析空间变异的变异函数及其参数和空间局部估计的克里格插值法两个主要部分组成。

半方差函数是地统计学中描述区域化变量空间特征的基本工具,是用来描述土壤性质空间连续变异的连续函数。土壤元素的空间分布受到结构性因素和随机性因素的共同影响,结构性因素主要包括土壤形成过程、成土母质、生物残体和大气沉降等,如果只考虑这些自然因素的影响,土壤元素的分布是较为稳定的,具有较强的空间相关性;随机性因素包括农业施肥、交通发展、工业废料排放等人为活动,这些因素的高强度作用会对土壤元素的空间分布产生巨大影响,其空间相关性被削弱。块金值、基台值、块金值和基台值的比、变程是半方差函数的重要参数,可以在一定程度上反映这些元素的空间变异特征,揭示其空间相关性(郭旭东等,2000)。半方差函数的计算公式见公式 3.1。

土壤在空间上是连续变异的,决定了土壤性质的半方差函数也是连续函数,可实测半方差在图上表现为散点,这就需要运用不同的模型进行拟合。半方差函数的理论模型有多种,常用的有球状模型、指数模型、高斯模型和线性模型等。

其中,块金值反映了最邻近样点间的非连续程度,代表随机性变异程度;基台值是系统中最大的变异,是结构性变异和随机性变异之和,表示系统内的总变异;块金值与基台值的比反映区域化变量空间异质性程度,揭示区域化变量的空间相关程度,该比值越大,则空间相关性越弱,越容易受人为因素的影响。一般来说,该比值<0.25 表明空间自相关性很强;比值在 0.25 到 0.75 之间表明具有中等空间自相关性;比值>0.75 表明空间自相关性很弱(孙洪泉,1990;习秦耀,1998;刘爱华等,2005)。变程(半方差达到基台值的样本间距)表示观测点之间的影响范围,对于球状和线性模型则表示观测点之间的独立间距,当观测点之间的距离大于该值时,表示它们之间相互独立,小于该距离时,则说明它们之间存在空间自相关性(胡克林等,2004)。

克里格法是地统计学中的空间局部插值方法,克里格法可以最大限度地利用空间取样所提供的各种信息,综合考虑邻近样点及其位置关系和观测值空间分布的结构特征,使得估计结果更精确和符合实际(檀满枝等,2006)。克里格法主要包括普通克里格法、泛克里格法、回归克里格法、对数正态克里格法、指示克里格法、折取克里格法,等等。本研究使用普通克里格法,其计算公式见公式 3.2。

二、数据预处理

半方差分析虽然不要求实测数据呈正态分布,但克里格插值预测法最好适用于呈正态分布的数据(Cressie,1990)。对不服从正态分布的数据,需要将数据转化为正态分布或近似正态分布,然后对转换后的数据做分析(史舟等,2006)。常用的数据转换方法有对数转换、平方根转换、反正弦转换等。本书综合采用对数转换和 Box-Cox 变换来改进数据的正态分布特性(薛跃等,2005)。

从表 5.10、5.11 和 5.12 的 K-S 检验 p 值可以得出,除了 N、Ni 两种元素以及 pH 通过检验,符合正态分布外,其他元素均不符合,需要进行数据转换。

表 5.10　大量元素对数转换和 Box-Cox 转换前后的正态检验

数据	参数	N	P	K	OM	Ca	S
原始数据	偏度	0.260	6.864	4.293	0.856	4.684	6.222
	峰度	0.526	77.490	41.534	2.654	33.122	69.383
	K-S p 值	0.864	0.000	0.000	0.000	0.000	0.000
对数转换	偏度		0.048	0.340	−0.954	−1.161	−0.060
	峰度		1.592	0.221	4.477	5.291	1.651
	K-S p 值		0.000	0.000	0.001	0.023	0.000
Box-Cox 转换	偏度		1.083	−0.137	0.255	−0.097	0.761
	峰度		1.980	0.107	1.142	1.523	1.660
	K-S p 值		0.000 (0.01)	0.000 (−0.10)	0.071 (0.61)	0.221 (0.14)	0.000 (0.20)

注:括号中的数据为 Box-Cox 转换的参数项。

表 5.11　微量元素对数转换和 Box-Cox 转换前后的正态检验

数据	参数	B	Mo	Mn
原始数据	偏度	16.579	12.956	2.634
	峰度	370.840	252.909	10.512
	K-S p 值	0.000	0.000	0.000
对数转换	偏度	0.216	0.554	−0.210
	峰度	3.441	−1.108	−0.114
	K-S p 值	0.000	0.000	0.427
Box-Cox 转换	偏度	−0.017	−0.279	
	峰度	3.403	−1.265	
	K-S p 值	0.000(−0.04)	0.000(−0.20)	

注:括号中的数据为 Box-Cox 转换的参数项。

表 5.12　重金属元素对数转换和 Box-Cox 转换前后的正态检验

数据	参数	As	Cd	Ni	Hg	Pb	Zn	Cu	Cr	pH
原始数据	偏度	2.772	4.640	0.541	5.103	3.805	4.459	3.933	10.289	0.289
	峰度	17.663	26.057	0.793	35.289	17.916	26.191	21.000	138.89	−0.765
	K-S p 值	0.014	0.000	0.924	0.000	0.000	0.000	0.000	0.000	0.115
对数转换	偏度	−0.501	1.518		1.101	1.841	1.080	1.117	−1.675	
	峰度	0.820	3.241		2.951	4.037	4.085	2.072	5.681	
	K-S p 值	0.007	0.000		0.043	0.000	0.000	0.000	0.000	
Box-Cox 转换	偏度	0.062	−0.194		0.054	−0.177	−0.286	0.004	0.260	
	峰度	0.831	2.252		0.742	0.184	5.426	0.678	8.601	
	K-S p 值	0.051	0.243		0.625	0.203	0.003	0.037	0.000	
		(0.24)	(−0.68)		(−0.53)	(−1.31)	(−0.19)	(−0.48)	(0.29)	

注:括号中的数据为 Box-Cox 转换的参数项。

以上三个表中列出了各元素转换前后的偏度、峰度和正态检验值,经对数转换后,Mn 元素通过了 K-S 检验,呈正态分布;经 Box-Cox 转换后,OM、Ca、As、Cd、Hg、Pb 六种元素的数据通过了 K-S 检验,仍有 P、K、S、B、Mo、Zn、Cu、Cr 八种元素无法通过检验,由于数据的非正态性会给克里格插值带来较明显的误差,因此本文将采用反距离权重空间插值法对这 8 种元素进行空间插值。

三、地球化学元素的空间变异特性

(一)大量元素空间变异特性

选择最佳拟合半方差函数理论模型符合以下标准最优:平均误差最接近于 0,均方根预测误差最小,平均标准误差最接近均方根预测误差,标准化平均误差最接近于 0,标准化均方根误差最接近于 1。表 5.13 显示了土壤大量元素含量数据拟合球状模型(spherical model)、指数模型(exponential model)、高斯模型(gaussian model)三种不同半方差函数理论模型的预测误差,根据上述标准,N、OM、Ca 的最佳拟合模型分别为指数模型、指数模型和高斯模型。土壤大量元素的最佳拟合模型及其拟合参数见表 5.14,N 元素的块金值很大,Ca 元素的块金值较小,OM 的块金值最小,说明土壤中 N 由随机因素引起的随机变异程度很大。

表 5.13　大量元素半方差函数理论模型的预测误差

元素	拟合模型	交叉验证参数				
		平均误差	均方根误差	平均标准误差	标准化平均误差	标准化均方根误差
N	球状模型	−0.5728	51.33	49.50	−0.01054	1.039
	指数模型	−0.5229	51.50	49.67	−0.00992	1.042
	高斯模型	−0.6903	51.75	49.16	−0.01242	1.049
OM	球状模型	0.01332	0.8160	0.9213	0.01530	0.8763
	指数模型	0.01114	0.8119	0.8956	0.01266	0.8960
	高斯模型	0.01502	0.8216	0.9426	0.01734	0.8627
Ca	球状模型	−53.15	1454	871.1	−0.1222	1.791
	指数模型	−63.29	1436	831.3	−0.1400	1.875
	高斯模型	−47.97	1470	898.0	−0.1080	1.729

从基台值来看,从大到小依次也是 N>Ca>OM,说明土壤中 N 的空间变异大,土壤中 Ca 的空间变异较小,OM 的空间变异最小。块金值/基台值反映了土壤大量元素的空间自相关性,从表中可看出,N、OM 和 Ca 的块金值/基台值都为 0.25~0.75,为中等空间自相关性,三种土壤大量元素分布是内在因素和外在因素共同作用的结果,块金值/基台值都大于 0.50,受随机因素的影响较大。

从最大变程来看,研究区各指标采样间距均小于变程,表明各指标在土壤中含量均具有一定的空间自相关性,由于土壤中 N 和 Ca 具有明显的基台值,其最大变程比较有意义,两种元素的空间自相关范围较广泛。OM 由于基台值不显著,其最大相关距离无实际意义。

表 5.14　土壤大量元素最佳拟合模型参数统计

元素	模型	步长（m）	块金值	基台值	变程（m）	方位角（°）	各项异性	块金值/基台值
N	指数模型	4514.3	2123.2	2903.93	51308.6	50.2	存在	0.7311
OM	指数模型	5590.5	0.31691	0.42761	63480.7	52.9	存在	0.7411
Ca	高斯模型	5234.8	6.0251	8.1454	59441.4	40.5	存在	0.7397

（二）微量元素空间变异特性

根据模型选择标准,从表 5.15 可知 Mn 的指数模型拟合效果最好。

表 5.15 微量元素半方差函数理论模型的预测误差

元素	拟合模型	平均误差	均方根误差	平均标准误差	标准化平均误差	标准化均方根误差
Mn	球状模型	1.892	34.45	59.46	0.02348	0.6079
	指数模型	1.564	33.90	58.56	0.01322	0.6213
	高斯模型	2.226	34.93	61.13	0.03281	0.5977

土壤微量元素的最佳拟合模型及其拟合参数见表 5.16,Mn 的块金值和基台值之比($C_0/(C_0+C)$)大于 0.75,说明其空间自相关性很弱,受随机人为因素的影响较大。

从最大变程来看,研究区 Mn 的变程大于采样间距,表明 Mn 在土壤中含量具有一定的空间自相关性。

表 5.16 土壤微量元素最佳拟合模型参数统计

元素	模型	步长(m)	块金值	基台值	变程(m)	方位角(°)	各项异性	块金值/基台值
Mn	指数模型	5234.8	0.81142	1.05506	59470.2	46.8	存在	0.7691

（三）土壤 pH 的空间变异特性

根据模型选择标准,从表 5.17 可知 pH 的指数模型拟合效果最好。

表 5.17 土壤 pH 半方差函数理论模型的预测误差

元素	拟合模型	平均误差	均方根误差	平均标准误差	标准化平均误差	标准化均方根误差
pH	球状模型	0.01681	0.8377	0.948	0.01793	0.8851
	指数模型	0.009956	0.8139	0.926	0.01089	0.8814
	高斯模型	0.02731	0.8633	0.9662	0.02844	0.8943

土壤 pH 最佳拟合模型及其拟合参数见表 5.18。从表 5.18 可知,土壤 pH 的块金值/基台值在 0.25 到 0.75 之间,说明具有中等空间自相关性,结构性因素和随机性因素都是引起空间变异的重要因素,且比值大于 0.50,说明随机性因素的影响对它们来说更为显著,受人为影响较大。

表 5.18 土壤 pH 最佳拟合模型及其拟合参数

元素	模型	步长（m）	块金值	基台值	变程（m）	方位角	各项异性	块金值/基台值
pH	指数模型	4875.9	0.75741	1.12239	55394.4	61.5	存在	0.6748

（四）重金属元素的空间变异特性

根据模型选择标准,从表 5.19 可知,Cd 的高斯模型拟合效果最好,As、Ni、Hg、Pb、Zn、Cu 和 Cr 都是指数模型拟合效果最好。

表 5.19 重金属元素半方差函数理论模型的预测误差

元素	拟合模型	交叉验证参数				
		平均误差	均方根误差	平均标准误差	标准化平均误差	标准化均方根误差
As	球状模型	0.08157	3.918	3.795	0.02464	1.004
	指数模型	0.04449	3.879	3.562	0.00861	1.054
	高斯模型	0.09634	4.003	4.003	0.02851	0.9919
Cd	球状模型	−0.02847	0.2821	0.1096	−0.3513	2.995
	指数模型	0.0281	0.2742	0.09891	−0.3766	3.295
	高斯模型	−0.02822	0.2891	0.1212	−0.2776	2.692
Ni	球状模型	0.1141	7.935	8.509	0.01185	0.9335
	指数模型	0.1051	7.825	8.317	0.01047	0.9414
	高斯模型	0.1607	8.28	8.774	0.01732	0.9445
Hg	球状模型	−0.008507	0.1186	0.05587	−0.2025	2.168
	指数模型	−0.008255	0.1183	0.05570	−0.2096	2.194
	高斯模型	−0.008362	0.1188	0.05653	−0.1903	2.134
Pb	球状模型	−2.536	16.15	5.993	−0.4067	2.664
	指数模型	−2.092	15.25	5.737	−0.3717	2.576
	高斯模型	−2.660	17.01	6.743	−0.3112	2.258

表 5.20 显示了富阳区土壤重金属元素在最佳拟合模型下的相关地统计学参数。块金值均大于零,说明存在由测量误差、土壤性质微变异等造成的随机变异,As、Cd、Ni、Pb 四种元素的块金值/基台值均在 0.25 到 0.75 之间,说明具有中等空间自相关性,结构性因素和随机性因素都是引起空间变异的重要因素,其中 Cd、Pb 元素的块金值/基台值大于 0.50,说明随机性因素的影响对它们来说

更为显著。Hg 元素的块金值/基台值大于 0.75，说明其空间相关性较弱，受人为因素的影响很大。

从最大变程来看，研究区各指标采样间距均小于变程，表明各指标在土壤中含量均具有一定的空间自相关性，As、Cd、Ni、Hg 具有明显的基台值，其最大变程比较有意义，这四种元素的空间自相关范围较广泛。Pb 元素的基台值不显著，其最大相关距离无实际意义。

表 5.20　土壤重金属元素最佳拟合模型参数统计

元素	模型	步长(m)	块金值	基台值	变程(m)	方位角(°)	各项异性	块金值/基台值
As	指数模型	3479.7	0.38664	1.07761	39573.4	47.7	存在	0.35879
Cd	高斯模型	4451.5	0.92604	1.65764	50551.4	65.5	存在	0.55865
Ni	指数模型	4875.9	57.951	126.478	55469.0	57.0	存在	0.45819
Hg	指数模型	4875.9	1.7001	2.1679	55591.3	295.3	存在	0.78421
Pb	指数模型	4875.9	0.0000	0.0000	55546.1	72.2	存在	0.55840

四、地球化学元素的空间分布格局

（一）大量元素空间分布分析

图 5.4 显示了富阳区土壤六种大量元素的空间插值并分级的结果，N、OM、Ca 三种元素的空间插值采用普通克里格法，P、K 和 S 的空间插值采用反距离权重空间插值法。观察各大量元素大致的分布情况，可以发现富阳区的大量元素多富集在西北部的万市镇、洞桥镇、高桥镇和东南角的部分乡（镇），而西南部的胥口镇、新登镇、渌渚镇等区域以及东北部的几个乡（镇）大量元素含量普遍较低。

从 N 的分布图看，总体值很高，高值区在富阳区东南部，达到一级标准，极丰富，相对低值区在万市镇、高桥镇、春建乡、新登镇和渌渚镇，属于三级中等区，其余各乡镇属于二级丰富区，整体趋势大致从东南向西北递减。

从 P 的分布图看，高值区主要分布于中部的春建乡、永昌镇、新登镇、富春街道，北部的受降镇、东洲街道，南部的常安镇以及东部的里山镇、灵桥镇。极少数低值区在高桥镇和湖源镇，总体来说含量丰富，一级、二级、三级区域占了大多数，趋势大致由中部、东北部、南部、西北部四个中心向周围递减。

从 K 的分布图看，大部分地区属于三、四级中等、较缺区，高值区分布零散，主要在新登镇、渌渚镇、永昌镇、春建乡、环山乡、大源镇、湖源镇部分地区,低值区在春江街道,属于六级极缺区。

从有机质的分布图看,主要属于二级、三级,高值区分布较散,主要在西北部的万市镇、永昌镇、东部渔山乡的小部分地区。低值区主要集中在中部地区和南部地区。

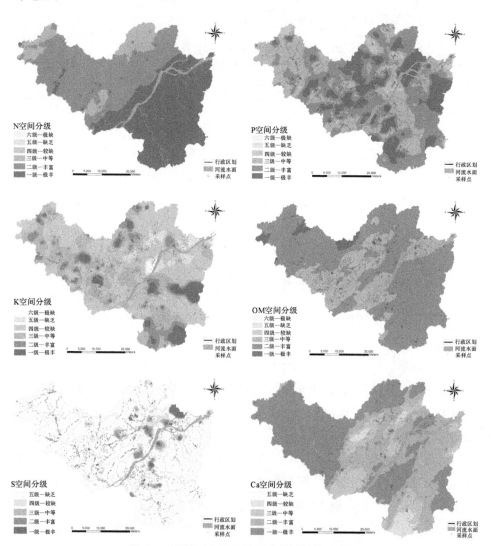

图 5.4　富阳区土壤大量元素空间插值及分级

从 S 的分布图看，几乎属于五级缺乏区，其余各级均有零星分布，并且呈现出由中心向周围递减的状态。一级极丰区分布在东北部的东洲街道以及新登镇和渌渚镇交界处，相对低值区分布在新登镇、富春街道、春江街道、鹿山街道、东洲街道以及环山乡的极小部分地区。

从 Ca 的分布图看，高值区主要集中在三个部分，西北的万市镇、洞桥镇、胥口镇、新登镇、永昌镇、高桥镇，中部的春江街道、环山乡、场口镇、常安镇以及东部的大源镇和常绿镇的部分地区。低值区在高桥镇和受降镇、富春街道的交界，春建乡、富春街道、新登镇三地交界处和湖源镇的部分地区，大致由三个高值中心向周围递减。

（二）微量元素空间分布分析

图 5.5 显示了富阳区土壤五种微量元素的空间插值并分级的结果，Mn 元素的空间插值采用普通克里格法，B、Mo 用反距离权重空间插值法，观察各微量元素大致的分布情况，可以发现富阳区的微量元素多富集在东北部的受降镇、东洲街道、里山镇、渔山乡、春江街道附近以及东南部的乡（镇），而中部往西方向的各乡（镇）微量元素含量普遍较低。

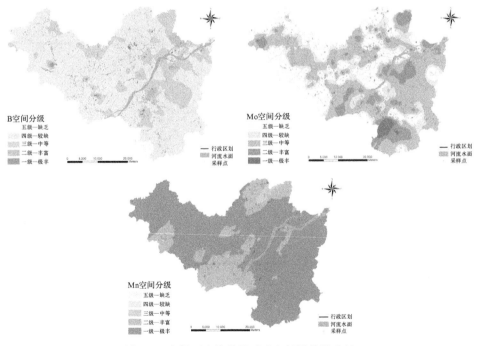

图 5.5　富阳区土壤微量元素空间插值及分级

从 B 的分布图看,基本属于四级较缺区,有极少部分属于一级极丰区,位于渌渚镇,二级丰富区位于渌渚镇、新登镇的交界、东洲街道和环山乡,低值区主要位于湖源镇。总体来说,趋势主要是由东北向西南方向降低。

从 Mo 的分布图看,高值区主要在常安镇、湖源镇、春江街道、渔山乡、受降镇和万市镇,属于一、二级极丰富区,大面积低值区在西北部的乡镇,西南的个别乡镇也有低值区,整体趋势是东南高西北低。

从 Mn 的分布图看,整体属于一、二级极丰和丰富区,极小部分中等含量在高桥镇和受降镇交界。

(三)土壤 pH 空间分布分析

从 pH 的空间分布图看(见图 5.6),主要属于三、四级,土壤整体偏酸性,三级中性土壤主要分布在西北部的万市镇、洞桥镇和胥口镇以及西南部的渌渚镇、新桐乡少部分区域,五级强酸性土壤在研究区南部的湖源镇和常绿镇。

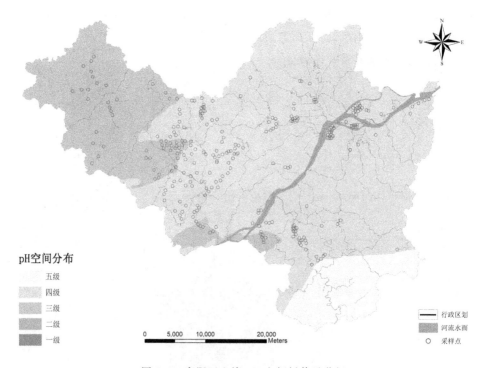

pH空间分布

五级
四级
三级
二级
一级

行政区划
河流水面
○ 采样点

0   5,000   10,000   20,000
                              Meters

图 5.6 富阳区土壤 pH 空间插值及分级

（四）重金属元素空间分布分析

图 5.7 显示了富阳区土壤 8 种重金属元素的空间插值并分级的结果，As、Cd、Ni、Hg、Pb 五种元素的空间插值采用普通克里格法，Zn、Cu、Cr 用反距离权重空间插值法，观察各重金属元素大致的分布情况，可以发现富阳区的重金属元素多富集在西北部的万市镇、洞桥镇，北部的春建乡、高桥镇、富春街道，以及环山乡往南发展的几个乡（镇），其余区域普遍较低。

从 As 的分布图来看，除了西北部万市镇和洞桥镇部分地区 As 含量属于二级以外，其他乡（镇）As 含量都属于一级，含量低，可能存在轻度污染。

从 Cd 的分布图看，主要属于二、三级，高值区在西北部的万市镇、洞桥镇，中部的富春街道、鹿山街道，春江街道、环山乡、大源镇、灵桥镇，南部的渌渚镇、新桐乡、场口镇、龙门镇、上官乡以及常安镇。低值区仅存在在新登镇和胥口镇部分地区。整体存在一定污染。

从 Ni 的分布图来看，全区含量小于 40mg/kg，达到一级标准，几乎没有污染。从 Hg 分布图来看，全区属于一、二级，其中，二级区分布在西北部的万市镇、洞桥镇、胥口镇和新登镇的部分区域，北部的春建乡、高桥镇、富春街道和鹿山街道，南部常安镇小部分地区，其余均达到一级标准，小于 0.15mg/kg，可能有轻微污染。

从 Pb 的分布图看，北部的高桥镇、春建乡、富春街道以及中南部的环山乡、场口镇、龙门镇、常安镇和湖源镇属于二级，其余乡（镇）均达到了一级标准，含量小于 35mg/kg，污染很轻微。

从 Zn 的分布图看，主要属于一、二级，部分地区为三级，高值区分布在北部的春建乡，中南部的环山乡、场口镇、龙门镇、常安镇以及湖源镇。从 Cu 的分布图看，分布与 Zn 大致相同，一、二级占了大部分面积，高值区在富春街道顺着河流往南发展的一带，Zn 和 Cu 都存在一定污染。从 Cr 的分布图看，全区达到了一级标准，含量均小于 90mg/kg，几乎没有污染。

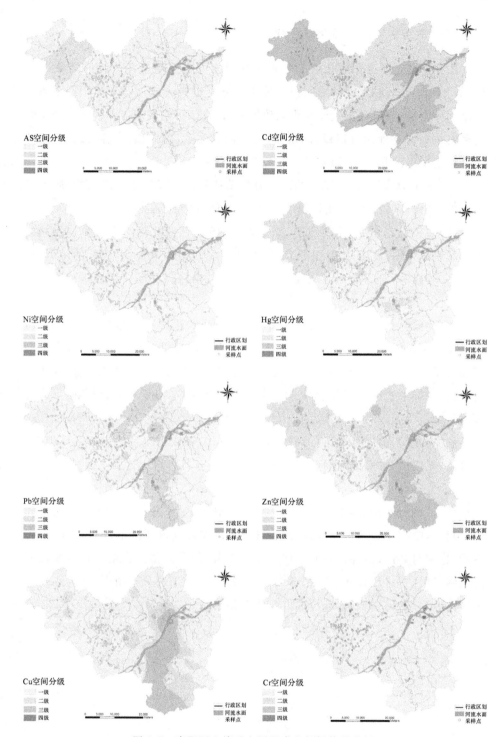

图 5.7　富阳区土壤重金属元素空间插值及分级

五、小　结

对研究区土壤元素指标进行空间变异分析，N 和 Ni 元素接近符合正态分布，Mn 元素基本符合对数正态分布，有机质、Ca、As、Cd、Hg、Pb 六种元素经 Box-Cox 转换后也符合正态分布，仍有 P、K、S、B、Mo、Zn、Cu、Cr 八种元素呈偏态分布。块金值和基台值之比以介于 0.25 到 0.75 之间的元素居多，说明这些元素含量在研究区土壤中呈中等空间相关。Mn 和 Hg 元素的块金值与基台值之比要明显大于 0.75，说明其空间相关性较弱，受人为因素的影响很大。另外，N、OM、Ca、Mn、Cd、Hg、Pb 七种元素的块金值和基台值之比大于 0.50，说明受随机因素的影响更大。

空间插值结果显示，大量元素 N 的高值区主要位于在富阳区东南部；P 的高值区主要分布于中部的春建乡、永昌镇、新登镇、富春街道，北部的受降镇、东洲街道，南部的常安镇以及东部的里山镇、灵桥镇。K 的高值区分布零散，主要在新登镇、渌渚镇、永昌镇、春建乡、环山乡、大源镇、湖源镇部分地区；有机质的高值区分布较散，主要在西北部的万市镇、永昌镇；S 的高值区分布在东北部的东洲街道以及新登镇和渌渚镇交界处；Ca 的高值区主要集中在西北的万市镇、洞桥镇、胥口镇、新登镇、永昌镇、高桥镇，中部的春江街道、环山乡、场口镇、常安镇以及东部的大源镇和常绿镇的部分地区。

微量元素 B 的高值区极少地分布在渌渚镇；Mo 的高值区主要在常安镇、湖源镇、春江街道、渔山乡、受降镇和万市镇；从 Mn 的分布图看，整体属于一、二级，极小部分中等含量在高桥镇和受降镇交界。

富阳区土壤整体偏酸性，三级中性土壤主要分布在西北部的万市镇、洞桥镇和胥口镇以及西南部的渌渚镇、新桐乡少部分区域，五级强酸性土壤分布在研究区南部的湖源镇和常绿镇。

重金属元素 As 的高值区位于西北部万市镇和洞桥镇部分地区；Cd 的高值区位于西北部的万市镇、洞桥镇，中部的富春街道、鹿山街道、春江街道、环山乡、大源镇、灵桥镇，南部的渌渚镇、新桐乡、场口镇、龙门镇、上官乡以及常安镇；从 Ni 分布图来看，全区含量达到了一级标准，几乎没有污染。从 Hg 的分布图看，全区属于一、二级，可能有轻微污染；从 Pb 的分布图看，高值区主要分布在北部的高桥镇、春建乡、富春街道以及中南部的环山乡、场口镇、龙门镇、常安镇和湖源镇；Zn 的高值区分布在北部的春建乡，中南部的环山乡、场口镇、龙门镇、常安镇以及湖源镇。Cu 的高值区位于富春街道顺着河流往南发展的一带。从 Cr 的分布图看，全区达到了一级标准，几乎没有污染。

参考文献

郭旭东,傅伯杰,马克明,等,2000.基于 GIS 和地统计学的土壤养分空间变异特征研究——以河北省遵化市为例[J].应用生态学报,11(4):557-563.

胡克林,张凤荣,吕贻忠,等,2004.北京市大兴区土壤重金属含量的空间分布特征[J].环境科学学报,24(3):463.

黄昌勇,2011.土壤学[M].北京:中国农业出版社.

李菊梅,李生秀,1998.几种营养元素在土壤中的空间变异[J].干旱地区农业研究(2):61-67.

刘爱华,杨忠芳,张本仁,等,2005.水稻土中 Hg、Cd、Pb 和 As 的空间变异性特征及相关影响因素探讨——以四川孝泉地区为例[J].第四纪研究,25(3):396-03.

孟健,马小明,2002.Kriging 空间分析法及其在城市大气污染中的应用[J].数学的实践与认识(2):309-312.

史舟,李艳,2006.地统计学在土壤学中的应用[M].北京:中国农业出版社.

孙洪泉,1990.地质统计学及其应用[M].徐州:中国矿业大学出版社.

檀满枝,陈杰,徐方明,等,2006.基于模糊集理论的土壤重金属污染空间预测[J].土壤学报(3):389-396.

习秦耀,1998.土壤空间变异研究中的半方差问题[J].农业工程学报,4:42-47.

薛跃,盛党红,2005.Box-Cox 变换原理以及其在财务比率正态分布中的作用[J].南京理工大学学报,29(5):627-630.

中国环境监测总站,1990.中国土壤元素背景值[M].北京:中国环境科学出版社.

Cressie N, 1990. The origins of Kriging [J]. Journal of Mathematical Geology, 22(3): 239-252.

第六章　耕地土壤重金属元素的污染风险评价及源解析

第一节　土壤重金属污染风险评价方法概述

重金属污染风险评价是了解重金属污染危害和环境风险的有效手段,是污染控制、修复和治理的重要前提。目前重金属污染风险评价方法众多,主要分为三类:传统评价模型、综合评价模型(范拴喜等,2010;林晓峰等,2010;Perrodin et al.,2010)和地统计学评价法(高瑞英,2012)。

一、传统评价模型

传统评价模型主要为指数法,以数理统计为基础,将土壤污染程度用比较明确的界限加以区分,较常用的方法有单因子污染指数法、内梅罗综合污染指数法、几何均值综合评价模式、污染负荷指数法、地累积指数法、沉积物富集系数法、潜在生态危害指数法等。

单因子污染指数法是以土壤元素背景值为评价标准来评价重金属元素的累积污染程度,这是目前环境各要素评价中应用较广泛的一种指数,这种方法的优点是以土壤环境质量标准作为基础,目标明确,但只能反映某个污染物的污染程度,不能全面、综合地反映土壤的污染程度,但单因子污染指数法是其他环境质量指数、环境质量分级和综合评价的基础。内梅罗综合污染指数法同时考虑了污染物的平均值和最大值,该方法突出了高浓度污染物对土壤环境质量的影响,可以全面反映各污染物对土壤的不同作用,是国内普遍采用的综合评价方法之一。几何均值综合评价模式能体现出较大数值污染因子在综合污染指数中的贡献。污染负荷指数法能直观地反映各重金属对污染的贡献程度以及重金属在时间、空间上的变化趋势。地累积指数法是一种是用来反映沉积物中重金属富集程度的常用指标,它可以分为几个级别,不同级别分别代表不同的重金属污染程度。它不仅反映了重金属分布的自然变化特征,而且可以判别人为活动对环境的影响,是区分人为影响的重要参数。沉积物富集系数法通过测定沉积物中重金属的含量来反映污染程度,富集系数愈大,表示沉积物被重金属污染程度愈高。该方法考虑到沉积物中重金属的背景值,能反映重金属污染的来源、化学活性。潜在生态危害指数法是用于土壤或沉积物中重金属污染程度及其潜在生态危害评价的一种方法,该法不但考虑了土壤重金属含量,而且将重金属的生态效应、环境效应和毒理学联系起来综合考虑重金属的毒性在土壤或沉积物中的迁移转化规律和评价区域对重金属污染的敏感性,体现了生物有效性和相对贡献及地理空间差异等特点,是综合反映重金属对生态环境影响潜力的指标,适合于对大区域范围沉积物和土壤进行评价比较。

二、综合评价模型

综合评价模型综合考虑了土壤环境质量的模糊性及各污染因素的权重,使评价更具有科学性,概括起来有模糊综合评价法、灰色聚类法、层次分析法、主成分分析法、神经网络法和物元分析法等。

土地(壤)重金属污染级别的定义是一类模糊的概念,而解决这些具有模糊边界的问题最为有效的是模糊综合评价法,该评价方法来源于模糊数学法。模糊数学法是基于重金属元素实测值和污染分级指标之间的模糊性,运用模糊线性变换原理,通过隶属度的计算首先确定单种重金属元素在污染分级中所属等级,进而经权重计算确定每种元素在总体污染中所占的比重,最后运用模糊矩阵复合运算,得出污染等级(檀满枝等,2006)。模糊数学法在土地(壤)重金属污染评价中的应用,充分考虑了各级土壤标准界限的模糊性,使评价结果接近于实际,在确定各指标权重时采用最优权系数法,避免了确定评价指标权重的任意性,该方法简单直观,用于土壤重金属污染评价有较好的效果。如何合理确定各指标的权重成为应用模糊数学法进行污染评价能否成功的关键。

灰色聚类法是在模糊数学法基础上发展起来的,相对于模糊数学法,其优点在于不丢失信息,在权重处理上更趋于客观合理,用于环境质量评价所得结论比较符合实际,具有一定可比性。灰色聚类法通过计算土壤重金属污染因子的权重来确定聚类系数,再根据"最大原则法"或"大于其上一级别之和法"确定土壤环境污染程度(范拴喜等,2010)。其主要步骤是构造白化函数,引入修正系数,确定污染物权重,再计算聚类系数以实现土壤样本的环境质量等级评判与排序(刘思峰等,2008)。

由于一般灰色聚类法最后是按聚类系数的最大值进行分类,忽略了较小的上一级别的聚类系数且完全不考虑他们之间的关联性,从而导致分辨率降低,有可能使评价失真。鉴于此,人们对灰色聚类法进行了改进,开发出灰色关联分析、宽域灰色聚类分析等多种模型,较好地克服了这一缺点。两者的区别在于确定聚类对象所属级别的差异,一般灰色聚类法以"最大原则法"判定,而改进灰色聚类法根据"大于其上一级别之和法"进行判定(高瑞英,2012)。

环境质量综合评价,只有通过加权综合,才能揭示不同评价因子间的内在联系,使综合评价结果更接近和符合环境质量的实际情况。加权因子的确定有多种方法,层次分析法及其改进法就是其中之一。层次分析法(简称 AHP 法)是美国运筹学家萨得在 20 世纪 70 年代初提出的。这是一种定性和定量相结合的、系统化、层次化的分析方法,特别适用于分析难以完全定量的复杂决策问题,因而很快在世界范围内得到重视并在多个领域广泛应用(Saaty,2008)。其基本出发点是在一般决策问题中,针对某一目标,较难同时对若干元素做出精确地判断。这时可以将这些因素相对于目标的重要性以数量来表示,并按大小排序,以此为决策者提供依据。

人工神经网络(ANN)是一种用计算机模拟生物机制的方法,它具有自学习和自适应的能力,可以通过预先提供的一批相互对应的输入—输出数据,分析掌握两者之间潜在的规律,最终根据这些规律,用新的输入数据来推算输出结果。人工神经网络由于其强大的非线性映射能力及自组织性、自学习、自适应等特点,能够智能地学习各个采样点的空间位置与该点各重金属含量之间的映射关系,并能够稳健地对各个空间插值点处的土壤重金属含量进行预测(胡大伟等,2007)。在土壤重金属污染评价方面,BP 神经网络是应用较多的一种模型。人工神经网络在样点分布较稀疏和样点数较少的情况下表现出明显的优势,并在不符合克里格法对样本数据分布要求的情况下是一种可行的替代方法(沈掌泉等,2004),同时它对训练样本数据的分布等没有任何要求和限制(周志华等,2002)。但人工神经网络缺乏严密理论体系的指导,同时应用效果也取决于使用者的经验,在实际应用中由于缺乏问题的先验知识,往往需要经过大量费力耗时的实验摸索才能确定合适的神经网络模型、算法及参数设置,因此神经网络的建立是应用中的一大难题。

三、地统计学评价法

土壤特性在空间上是连续变化的,空间相近的点比空间分散的点在理化性质等方面具有更大的相似性。也就是说,它们在统计学意义上相互依赖。这是地统计学应用的前提。地统计学(Geostatistics)是应用数学迅速发展的一个分支,它首先被采矿工程师 Krige 和统计学家 Sichel 应用于南非的采矿工作中。20 世纪 60 年代法国工程师 Matheron 在做了大量理论工作的基础上提出了区域化变量理论,形成了地统计学的基本框架。20 世纪 70 年代,随着计算机的出现,这项技术由最初的预测矿石储量进而被引进地学领域,随后又被应用于其他的领域像土壤科学、农业、气象、生态、海洋、林学和人口遗传学等。经过 30 年的发展,地统计学已经在需要评估空间和时间变异的许多领域得到了广泛应用。国内的一些地统计学工作者认为,地统计学是以区域化理论为依据,以变异函数为主要工具,研究那些在空间分布上既有随机性又有结构性,或空间相关性和依赖性的自然现象的一门科学(王政权,1999)。

土壤重金属污染物具有高度的空间连续性及空间变异性。重金属浓度的空间分布状况可以反映重金属污染物对人类健康和环境的潜在影响,这对于污染源的风险分析和后续评价也非常重要。传统的评价方法不能反映土壤污染在空间上的变化,不能分析区域土壤污染状况和空间变化趋势,尤其在分析大尺度区域的土壤污染时,传统评价方法和手段就显示出其本身固有的缺陷和不足。地统计学弥补了传统研究方法的不足,它不仅可以对土壤性质的空间分布特征进行分析,而且可以进一步用于开展重金属污染评估、污染风险评估、重金属污染修复等研究领域。

在进行区域环境调查和研究时,常常采用制图方法来表示各种环境现象的空间分布特征和数量质量指标。在绘制土壤重金属空间分布图时,主要采用地统计学中的克里格法进行空间插值。而克里格插值过程的必要前提是先对数据进行空间分布分析,通过对半变异函数的计算和拟合,将重金属空间分布特征定量化、模型化,为克里格插值提供理论支持和重要参数,同时在一定程度上揭示影响重金属空间分布的主要因素和作用方式。在区域土壤重金属污染研究中,利用地统计学进行空间分布分析,并在此基础之上插值在国内外都已经得到广泛应用。如 Chang 等(1999)对整个台湾省土壤中砷的空间变异进行了半方差分析和克里格制图,发现台湾西南地区砷的含量超过了整个台湾省土壤中砷含量的平均值。Facchinelli 等(2001)对意大利皮埃蒙地区受污染土壤进行的研究表明,Cr、Co 和 Ni 的区域性分布和在大范围内的变异主要受母岩控制,而 Cu、Zn、Pb 则受人类活动的影响。李艳霞等(2007)运用地统计学方法对阜新市矿业密集区周围农田土壤重金属含量的空间结构特征进行了定量描述,并探讨了研究区重金属空间结构的主要影响因素。王纪华等(2008)对北京市某生态农场的大田进行研究,应用地统计学分析方法进行了变异函数的计算和模型拟合,建立了计算土壤重金属含量的最适空间插值理论模型,随后运用克里格估值方法绘制了田块尺度上土壤重金属的空间分布图,并与土壤重金属污染标准进行比较。

将地统计学空间分析方法应用于区域土壤重金属污染评价可充分反映土壤重金属污染在二维甚至三维的分布变化,使评价结果更加准确,并可将评价结果可视化,便于决策管理和进一步深入研究。如 Korre(1999)将传统统计学方法(主成分分析)与地统计学结合起来对希腊一废矿区土壤中重金属污染情况进行了污染评价。钟小兰等(2007)以长江三角洲地区的江苏省太仓市为研究区,采用地统计学方法对耕层土壤中 Cd、Cr、Cu、Ni、Hg、Pb、Zn 和 As 等八种重金属结构特征和空间分布格局进行了分析,并用模糊数学法综合评价了土壤重金属的污染程度。

总之,土地(壤)重金属污染风险评价是土地管理的重要决策支撑。土地重金属污染风险评价能够灵活地组织和运用各种数据、信息和假设,建立模型,拟合土地(壤)重金属污染的真实状况,并进行定性和定量分析,为土地环境风险管理和决策提供依据。本章考虑到单因子评价和多因子综合评价之间的相互关系及易操作性,采用使用较为广泛的单因子污染指数评价法、内梅罗综合污染指数法和 Hakansons 潜在生态风险指数法评价土壤重金属的污染程度。

第二节　土壤重金属污染风险评价

一、评价方法

本研究分别采用单因子指数法、综合指数法和潜在生态风险指数法对土壤重金属污染风险进行评价。

(一)单因子污染指数法

单因子污染指数法是以土壤元素背景值为评价标准来评价重金属元素的累积污染程度,土壤中重金属污染物 i 的单项污染指数计算公式为

$$P_i = C_i / S_i \tag{6.1}$$

式中，C_i 为第 i 个监测点上土壤重金属含量的实测浓度，S_i 为土壤重金属含量的评价标准取值，P_i 为污染物单因子指数。评价指标采用浙江省土壤（A 层）重金属元素背景值（表 6.1），按照《土壤环境监测技术规范》（HJ/T166—2004）中的规定计算每个采样点污染指数。

P_i 值越大，则表示污染越严重。$P_i \leqslant 1$ 表示未污染，$1 < P_i \leqslant 2$ 表示轻污染，$2 < P_i \leqslant 3$ 表示中污染，$P_i > 3$ 表示重污染。

表 6.1　浙江省土壤重金属元素背景值

单位：mg/kg

元素	As	Cd	Ni	Hg	Pb	Zn	Cu	Cr
评价标准	9.2	0.07	24.6	0.086	23.7	70.6	17.6	52.9

（二）综合指数法

综合指数法即内梅罗综合污染指数法，单因子指数只能反映各个重金属元素的污染程度，不能全面地反映土壤的污染状况，而内梅罗综合污染指数兼顾了单一因子污染指数的平均值和最高值，可以突出污染较重的重金属污染物的作用。该方法的公式为

$$P_z = \sqrt{\frac{(\overline{P_i})^2 + (P_{i\max})^2}{2}} \tag{6.2}$$

式中，P_z 为内梅罗综合污染指数，$\overline{P_i}$ 为土壤重金属所有单项污染指数的平均值，$P_{i\max}$ 为重金属单项污染指数中的最大值。内梅罗综合污染指数评价的污染等级划分参照表 6.2。

表 6.2　土壤重金属污染内梅罗综合污染指数评价的等级划分标准

等级	内梅罗综合污染指数	污染等级
Ⅰ	$0 < P_z \leqslant 0.7$	清洁（安全）
Ⅱ	$0.7 < P_z \leqslant 1.0$	尚清洁（警戒线）
Ⅲ	$1.0 < P_z \leqslant 2.0$	轻度污染
Ⅳ	$2.0 < P_z \leqslant 3.0$	中度污染
Ⅴ	$P_z > 3.0$	重度污染

（三）Hakansons 潜在生态风险指数法

Hakansons 潜在生态风险指数法通过测定土壤或底泥样品中有限数量的污

染物含量进行计算,不仅反映了某一特定环境下沉积物中各种污染物对环境的影响,及多种污染物的综合效应,而且用定量的方法划分出了潜在生态风险的程度。公式如下:

$$C_f^i = C_i / C_n^i$$

$$E_r^i = T_r^i \times C_f^i \tag{6.3}$$

$$R_i = \sum_{i=1}^{n} E_r^i = \sum_{i=1}^{n} T_r^i \times C_f^i$$

式中,C_f^i 为某一污染物的污染指数,C_i 为土壤污染物的实测参数,C_n^i 为全球工业化前土壤污染物含量(本章选择浙江省土壤(A层)重金属元素背景值作为标准),E_r^i 为某单个污染物的潜在生态风险参数,T_r^i 为单个污染物的毒性响应参数(根据 Hakansons 提出的从"元素丰度原则"和"元素释放度"确定各重金属的毒性系数从大到小依次为,Hg=40、Cd=30、As=10、Cu=Ni=Pb=5、Cr=2、Zn=1(赵卓亚等,2009)),R_i 为土壤潜在生态风险指数。土壤重金属污染潜在生态风险指数评价标准见表 6.3。

表 6.3　土壤重金属污染潜在生态风险指数评价标准

潜在生态风险参数 E_r^i 范围	单因子污染物生态风险程度	潜在生态风险指数(R_i)范围	总的潜在生态风险程度
$E_r^i < 40$	低	$R_i < 150$	轻微生态风险
$40 \leqslant E_r^i < 80$	中	$150 \leqslant R_i < 300$	中等生态风险
$80 \leqslant E_r^i < 160$	较重	$300 \leqslant R_i < 600$	强生态风险
$160 \leqslant E_r^i < 320$	重	$R_i \geqslant 600$	很强生态风险
$E_r^i \geqslant 320$	严重		

二、结果和讨论

(一)单因子污染指数法

运用单因子污染指数法对土壤环境质量进行评价,评价标准采用浙江省表层土壤(A层)重金属元素背景值,根据计算得到采样点重金属元素的单因子污染指数,经统计,采样点超标个数及其百分比见表 6.4。

从单因子污染指数评价结果(见表 6.4)可知,As 元素的 P_i 为 0.09~5.75,其中,As 元素的 $P_i \leqslant 1$ 的样点最多,占 55.75%,属于未污染,其次是 $1 < P_i \leqslant 2$ 的样点,占总数的 41.01%,属于轻度污染,$2 < P_i \leqslant 3$ 的样点有 6 个,占总数的 2.16%,$P_i > 3$ 的样点有 3 个,属于重度污染。

表 6.4 根据单因子污染指数评价采样点超标个数及其百分比

单因子污染指数	As 超标个数	百分比（%）	Cd 超标个数	百分比（%）	Ni 超标个数	百分比（%）	Hg 超标个数	百分比（%）
$P_i \leqslant 1$	155	55.75	0	0	204	73.38	59	21.22
$1 < P_i \leqslant 2$	114	41.01	16	5.75	72	25.90	160	57.55
$2 < P_i \leqslant 3$	6	2.16	82	29.50	2	0.72	41	14.75
$P_i > 3$	3	1.08	180	64.75	0	0	18	6.48

单因子污染指数	Pb 超标个数	百分比（%）	Zn 超标个数	百分比（%）	Cu 超标个数	百分比（%）	Cr 超标个数	百分比（%）
$P_i \leqslant 1$	120	43.16	17	6.11	37	13.31	276	99.28
$1 < P_i \leqslant 2$	131	47.12	183	65.83	169	60.79	1	0.36
$2 < P_i \leqslant 3$	12	4.32	43	15.47	38	13.67	1	0.36
$P_i > 3$	15	5.40	35	12.59	34	12.23	0	0

Cd 元素的 P_i 为 1.30～37.56，其中，$P_i > 3$ 的样点占 64.75%，$2 < P_i \leqslant 3$ 之间的样点占 29.50%，$1 < P_i \leqslant 2$ 的样点有 16 个，占总数的 5.75%，$P_i \leqslant 1$ 的样点为 0 个，大部分 Cd 属于重度污染。

Ni 元素的 P_i 为 0.005～2.511，其中，$P_i < 1$ 的样点有 204 个，占总数的 73.38%，$1 < P_i \leqslant 2$ 的样点有 72 个，占总数的 25.90%，$P_i > 2$ 的样点仅有 2 个，占总数的 0.72%，大多数 Ni 属于未污染和轻度污染。

Hg 元素的 P_i 为 0.47～14.27，$P_i < 1$ 的样点有 59 个，占总数的 21.22%，$1 < P_i \leqslant 2$ 的样点有 160 个，占总数的 57.55%，$2 < P_i \leqslant 3$ 的样点有 41 个，占 14.75%，$P_i > 3$ 的样点最少，有 18 个，占 6.48%，总的来说，大部分的 Hg 属于未污染和轻度污染。

Pb 元素的 P_i 为 0.61～6.46，其中，$P_i < 1$ 的样点有 120 个，占总数的 43.16%，$1 < P_i \leqslant 2$ 的样点有 131 个，占总数的 47.12%，$2 < P_i \leqslant 3$ 的样点有 12 个，占总数的 4.32%，$P_i > 3$ 的样点有 15 个，占总数的 5.40%，大多数 Pb 属于未污染和轻度污染。

Zn 元素的 P_i 为 0.17～15.79，其中 $P_i < 1$ 的样点有 17 个，占总数的 6.11%，$1 < P_i \leqslant 2$ 的样点有 183 个，占总数的 65.83%；$2 < P_i \leqslant 3$ 的样点有 43 个，占总数的 15.47%，$P_i > 3$ 的样点有 35 个，占总数的 12.59%，大多数 Zn 属于轻度污染。

Cu 元素的 P_i 为 0.52～16.89，其中 Cu 元素 $P_i < 1$ 的样点有 37 个，占总数的 13.31%，$1 < P_i \leqslant 2$ 的样点有 169 个，占总数的 60.79%；$2 < P_i \leqslant 3$ 的样点有

38 个,占总数的 13.67%,$P_i>3$ 的样点有 34 个,占总数的 12.23%,大多数 Cu 属于轻度污染,未污染、中度污染和重度污染所占比例较平均。

Cr 元素的 P_i 为 0.14~6.10,有 276 个样点的 $P_i<1$,占总数的 99.28%,$1<P_i\leqslant2$ 和 $2<P_i\leqslant3$ 各仅有 1 个样点,各占 0.36%,Cr 主要处于未污染状态。

结果表明,与浙江省土壤背景值相比,富阳区表层土壤 8 种重金属元素中,Cd 的污染较重,Ni 的污染较轻微,Cr 几乎没有污染,按照污染严重程度排序依次为 Cd>Zn>Cu>Hg>Pb>As>Ni>Cr。

(二)综合指数法

采用内梅罗综合污染指数法对土壤环境质量进行评价,评价标准采用浙江省表层(A 层)重金属元素土壤背景值,计算出了综合污染指数,由于采样点数据较多,部分结果见表 6.5,内梅罗综合污染指数评价统计结果见表 6.6。

表 6.5　土壤重金属内梅罗综合污染指数评价部分结果

序号	平均单项	最大单项	综合污染指数	序号	平均单项	最大单项	综合污染指数	序号	平均单项	最大单项	综合污染指数
1	1.50	4.47	3.34	11	1.00	2.61	1.98	21	1.48	4.47	3.33
2	1.61	4.52	3.39	12	1.41	2.89	2.27	22	1.29	3.58	2.69
3	0.94	2.09	1.62	13	1.20	3.08	2.34	23	1.15	3.06	2.31
4	1.16	2.68	2.07	14	0.73	1.92	1.45	24	1.45	3.90	2.95
5	1.16	3.32	2.48	15	1.00	2.44	1.87	25	2.05	6.70	4.96
6	0.97	2.72	2.04	16	1.19	2.57	2.00	26	2.18	6.51	4.85
7	1.11	3.13	2.35	17	4.70	15.89	11.72	27	2.02	5.82	4.35
8	1.09	3.06	2.30	18	1.74	3.78	2.94	28	1.43	4.92	3.62
9	1.08	2.83	2.14	19	1.16	3.06	2.32	29	1.49	3.60	2.76
10	0.96	2.34	1.79	20	1.37	3.56	2.70	30	1.48	4.66	3.46

表 6.6　土壤重金属元素内梅罗综合污染指数评价统计

内梅罗综合污染指数	污染等级	采样点个数(个)	百分比(%)
$0<P_z\leqslant0.7$	清洁(安全)	0	0
$0.7<P_z\leqslant1$	尚清洁(警戒线)	0	0
$1<P_z\leqslant2$	轻度污染	59	21.22
$2<P_z\leqslant3$	中度污染	110	39.57
$P_z>3$	重度污染	109	39.21

从综合污染指数评价统计结果可知，P_z 为 1.25～27.33。其中，$P_z<1$ 的土壤样点为 0，$1<P_z\leqslant2$ 的土壤样点有 59 个，占总数的 21.22%，$2<P_z\leqslant3$ 的样点最多，有 110 个，占 39.57%，$P_z>3$ 的样点有 109 个，占 39.21%，总的来说，富阳区的重金属主要属于中度污染和重度污染。但是此评价方法更多地关注了最大单项指数的作用，导致评价结果偏高。

（三）Hakansons 潜在生态风险指数法

采用 Hakansons 潜在生态风险指数法对土壤重金属 As、Cd、Ni、Hg、Pb、Zn、Cu、Cr 的生态危害进行评价。根据评价指标体系，计算了每个样点的单个污染物的潜在生态风险参数和综合潜在生态风险指数，并且得到富阳区主要土壤重金属单因子污染物生态危害程度统计（见表 6.7）和总的潜在生态风险程度统计（见表 6.8）。

表 6.7　土壤重金属元素生态危害程度统计

E_r^i	As 样品个数	百分比（%）	Cd 样品个数	百分比（%）	Ni 样品个数	百分比（%）	Hg 样品个数	百分比（%）
$E_r^i<40$	277	99.64	1	0.36	278	100	59	21.22
$40\leqslant E_r^i<80$	1	0.36	71	25.54	0	0	160	57.55
$80\leqslant E_r^i<160$	0	0	154	55.40	0	0	47	16.91
$160\leqslant E_r^i<320$	0	0	34	12.23	0	0	9	3.24
$E_r^i\geqslant320$	0	0	18	6.47	0	0	3	1.08
E_r^i	Pb 样品个数	百分比（%）	Zn 样品个数	百分比（%）	Cu 样品个数	百分比（%）	Cr 样品个数	百分比（%）
$E_r^i<40$	278	100	278	100	271	97.48	278	100
$40\leqslant E_r^i<80$	0	0	0	0	6	2.16	0	0
$80\leqslant E_r^i<160$	0	0	0	0	1	0.36	0	0
$160\leqslant E_r^i<320$	0	0	0	0	0	0	0	0
$E_r^i\geqslant320$	0	0	0	0	0	0	0	0

由表 6.7 可知，278 个表层土壤 As 元素样品中，有 277 个处于低风险级别，占总样品数的 99.64%；仅有 1 个处于中度风险级别，占总样品数的 0.36%。可见 As 元素的潜在危害程度较低，对富阳区的土壤重金属潜在生态污染危害贡献较低。

278 个表层土壤 Cd 元素样品中，只有 1 个处于低风险级别，占总样品的 0.36%；有 71 个处于中度风险级别，占总样品数的 25.54%；有 154 个处于较重污染级别，占总样品数的 55.40%；有 34 个处于重度风险级别，占总样品数的 12.23%；有 18 个处于严重风险级别,占总样品数的 6.47%。可见 Cd 元素几乎所有样品都在中度以上的风险级别,有 74.46% 的样品处于较重风险以上级别,整体潜在生态危害程度很高。对富阳区的土壤重金属潜在生态危害污染贡献非常突出。

278 个表层土壤 Ni、Pb、Zn 和 Cr 元素样品均处于低风险级别,占总样品数的 100%。可见这 4 种元素的潜在危害程度较低,对富阳区的土壤重金属潜在生态污染危害贡献较低。

278 个表层土壤 Cu 元素样品几乎都处于低风险级别,占总样品数的 97.48%,有 6 个样品处于中度风险级别,占 2.16%,仅有 1 个样品处于较重风险,Cu 元素对富阳区的土壤重金属潜在生态污染危害贡献也很低。

278 个表层土壤 Hg 元素样品中,有 59 个处于低污染级别,占总样品数的 21.22%;有 160 个处于中污染级别,占总样品数的 57.55%;有 47 个处于较重污染级别,占总样品数的 16.91%;有 9 个处于重污染级别,占总样品数的 3.24%;有 3 个处于严重污染级别,占总样品数的 1.08%。可见 Hg 元素的潜在生态危害程度较严重,绝大多数比例处于中度及以上的污染级别,有 21.22% 的样品处于较重风险及以上级别,生态危害程度较严重。对富阳区的土壤重金属潜在生态危害污染贡献较为突出。

表 6.8　土壤重金属总的潜在生态危害程度统计

潜在生态风险指数范围	总的潜在生态风险程度	样品个数	百分比(%)
$R_i < 150$	轻微生态风险	41	14.75
$150 \leqslant R_i < 300$	中等生态风险	186	66.91
$300 \leqslant R_i < 600$	强生态风险	45	16.18
$R_i \geqslant 600$	很强生态风险	6	2.16

由表 6.8 可知,有 41 个表层土壤样品的重金属处于轻微生态风险级别,占总样品数的 14.75%,有 186 个表层土壤样品的重金属处于中等生态风险级别,占总样品数的 66.91%;具有强生态风险的样品有 45 个,占总样品数的 16.18%;具有很强生态风险的样品有 6 个,仅占 2.16%。中等水平及以上的重金属样品占总样品的比重高达 85.25%,强生态风险水平及以上的比重为 18.34%,可知富阳区土壤重金属总体潜在生态危害程度已经很高并且出现了更加恶化的趋势。

综合 8 种土壤重金属元素的生态危害程度分析,根据计算可知,8 种元素潜在生态风险指数平均值为 240.6998,对照重金属污染潜在生态风险指数评价标准(见表 6.3),富阳区土壤重金属总体潜在生态危害程度处于中等级别。

（四）评价结果可视化分析

为进一步分析富阳区土壤重金属综合污染指数和潜在生态风险的空间分布特征，利用地统计学的普通克里格插值方法对综合污染指数以及潜在生态风险指数进行插值，从而得到富阳区主要土壤重金属综合污染指数和潜在生态风险指数的空间分布图，分别见图6.1和图6.2。

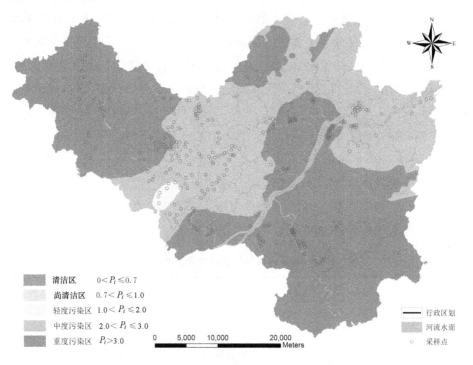

图6.1　富阳区土壤重金属综合污染指数空间分布

根据污染程度等级的不同，各种颜色分别代表了不同级别的污染程度。从图6.1中可以看出整个富阳区没有背景区和安全区，全部处于轻度污染及以上级别，从表6.6中可知，有21.22％的面积已处于轻度污染级别，中度污染所占面积为39.57％，重度污染面积有39.21％。富阳区表层土壤重金属综合污染程度存在局部恶化的趋势，重度污染区域主要分布在西北部的万市镇、洞桥镇、胥口镇、北部地区的高桥镇、受降镇，中部地区的富春街道、鹿山街道、春江街道、环山乡、大源镇以及南部的渌渚镇、新桐乡、场口镇、常安镇、湖源镇和常绿镇。轻度污染区域分布在新登镇的极少部分地区。

同样，由图6.2可知，富阳区表层土壤几乎都处于中等生态风险。从表6.8

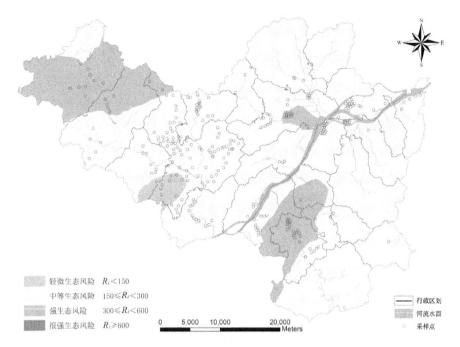

轻微生态风险 $R_i<150$
中等生态风险 $150{\leqslant}R_i<300$
强生态风险 $300{\leqslant}R_i<600$
很强生态风险 $R_i{\geqslant}600$

0 5,000 10,000 20,000 Meters

行政区划
河流水面
采样点

图 6.2 富阳区土壤重金属潜在生态风险指数空间分布

中可知,研究区有超过 85% 的面积已处于中等生态风险及以上水平,轻微生态
风险所占面积仅占不到 15%。富阳区表层土壤重金属潜在生态风险指数存在
局部恶化的趋势,主要生态危害区域处于西北部的万市镇、洞桥镇和南部的环山
乡、龙门镇、场口镇以及常安镇。

三、小　结

对研究区进行污染风险评价,从单因子污染指数评价来看,研究区 Cd 的污
染较重,Ni 的污染较轻微,Cr 几乎没有污染,按照污染严重程度排序依次为 Cd>
Zn>Cu>Hg>Pb>As>Ni>Cr。从综合污染指数评价看,存在以 Cd、Zn、Cu、
Hg、Pb 元素为主的重金属污染。研究区处于轻度污染以上级别,有 21.22% 的
面积已处于轻度污染区,中度污染所占面积为 39.57%,重度污染面积有
39.21%。从 Hakansons 潜在生态风险指数法的评价看,富阳区表层土壤受 Cd
和 Hg 污染较为严重,同时,由于 Hg 和 Cd 只有较高的毒性,存在较强的潜在生
态风险。分析潜在生态风险指数空间分布图,研究区有超过 85% 的面积已处于
中等生态风险及以上水平,轻微生态风险所占面积仅占不到 25%。总体来说,
富阳区的综合污染程度和潜在生态风险均出现局部恶化的趋势。

第三节　土壤重金属污染源解析

一、土壤重金属污染源解析研究进展

土壤中重金属来源主要分为自然来源和人为来源。重金属自然来源主要由母岩决定，不同的土壤组成造成了该区域的背景值有所差异。人为污染主要来源于周边工厂、交通运输、降尘、农药、施肥、污灌及局部的事故性泄露等。对土壤重金属污染的来源进行解析，可为规避土壤重金属污染风险及开展区域重金属污染防控提供科学依据。土壤重金属污染源解析也可以分为宏观和微观两个层面，宏观层面的污染来源主要包括大气沉降、固体废弃物、污水灌溉等，而在微观层面则需通过空间分析方法具体指出土壤污染的某个或某些来源。

现阶段土壤重金属源解析模型主要分为两大类，一种是以污染源为主要研究对象的扩散模型(Diffuse Model)，根据污染物排放量、理化性质、排放速率、几何参数以及气象条件等参数，利用扩散方程计算源贡献量；另一种是以污染区域为研究对象的受体模型(Receptor Model)。受体模型首先于 20 世纪 60 年代中期被提出，着眼于研究排放源对受体的贡献，通过测量污染源和大气环境的物理、化学性质，定性分析对受体有贡献的污染源并定量计算各污染源的贡献率。经过多年的研发，现已有多种受体模型，如化学质量平衡(CMB)、因子分析、主成分分析 (PCA)、正定矩阵因子分析法(PMF)、聚类分析、多元线性回归、投影寻踪回归、遗传算法、粗集理论等。其中，CMB 和基于多元统计的 PCA 更是为美国环保署(USEPA)认可和推荐的两种受体模型。美国、日本等国家从 20 世纪 70 年代开始开发 CMB 受体模型，经过几十年的修正，已开发可在 Windows 系统下运行的 CMB 8.2 软件包。

对土壤重金属源解析的研究最近几年呈不断增长趋势，主要集中于利用同位素示踪、UNMIX 受体模型、PMF、基于多元统计的 PCA 等方法对土壤重金属污染源进行解析。稳定的同位素具有特定的组成，而且其结构稳定，在迁移和反应的过程中不容易发生变化，所以可被用于追踪污染源。Kaste 等(2003)通过采集并分析土壤样本中铅同位素组成，考察了大气铅沉降进入土壤后由地表深入深土层的迁移过程，同时识别了土壤中铅污染的主要来源以及污染状况的时间变化趋势。Cloquet 等(2006)研究了法国北部 Pb-Zn 冶炼厂表层污染土壤中 Cd 同位素比例的变化，从 Cd 同位素比值的变化可以看出冶炼厂附近土壤中 Cd

的污染主要来自于工厂的冶炼过程。孙锐等(2011)对典型矿区土壤 Pb 同位素进行源解析;曹伟等(2010)利用同位素示踪法对不同种类污染下的重金属元素展开分析,结果表明,对点源污染而言,周围元素的污染情况与点源的距离呈正比,但对面源而言,元素的污染情况与距离并无明显关系。重金属同位素比值分析可以直接定位到具体的污染源,因此同位素示踪研究在重金属源解析中得到相应的发展,但目前同位素研究更有利于定性污染源识别,对精确定量上仍然难以实现。艾建超等(2014)基于 UNMIX 受体模型对金矿区 16 种重金属进行解析,得到 4 个污染源并分析了各污染源贡献率。薛建龙(2013)结合地统计学和 PMF 方法判断土壤重金属的污染源并实现各污染源贡献值和分担率的定量解析。同时,近年来 PCA 模型也得到了广泛应用,它是一种通过减少变量个数分析多变量间的结构相关性的多元统计方法。从理论上讲每种主成分对应一种污染源。国内已有许多学者用 PCA 模型进行土壤重金属源解析并取得了较好效果(刘小诗等,2014;董骙睿等,2014)。王俊坚等(2011)采用主成分分析法得出三个不同因素:土壤生物地球化学作用、垃圾焚烧源、地形地貌特征对重金属分布的影响权重分别为 48.6%、16.6%、13.2%。王圣伟等(2013)利用半方差分析和主成分分析相结合的方法,得出农田土壤重金属的主要来源于成土母质风化侵蚀、降水灌溉以及农药化肥的使用,且各来源的贡献度分别为 34.53%、21.049%、19.619%。

值得强调的是,农业土壤重金属污染多数为面源污染,各种环境污染源解析方法在其使用中都存在一定的局限性。因此发展土壤重金属污染源解析新方法,开展各种污染源解析方法的多元化集成与综合应用成为趋势。美国环境保护局(USEPA)就曾开展各种受体模型的比较研究,结果表明,对于排放源数目少的体系,基于多元统计的因子分析、多元线性回归很成功,而对于排放源数目较多的体系,CMB 具有明显优势。同时研究发现多元统计分析适宜于客观定性的鉴别污染源的类型和数目,而 CMB 适用于检验多元统计分析的结果,并进一步对各污染源的相对贡献大小进行准确量化。两类模型集成使用,可取长补短,发挥更好的作用。另外,遥感技术由于其在地表解析中的应用,成为土壤重金属扩散分析、源解析的新手段(Melendez-Pastor et al.,2011)。利用多源遥感数据(时间、空间、高光谱、雷达卫星以及近地遥感技术)可进行区域土壤重金属源、汇类型及其时空分布数据挖掘。如近地遥感技术可快速测量土壤重金属含量,而利用宽波段遥感数据,则可获得各类源、汇类型(土地利用类型、作物类型、水文地形等)的详细时空分类数据,这无疑为土壤重金属污染源解析提供有力的数据和方法支撑(赵利婷等,2015)。

二、主成分分析法

主成分分析(Principal Component Analysis,PCA)是一种统计方法,可以通过线性变换在多个变量筛选出较少个重要变量及其贡献率。其实际是一种降维的统计方法,它借助于一个正交变换,找出几个综合变量来代表原始的众多变量。

$$\begin{cases} Z_1 = c_{11}x_1 + c_{12}x_2 + \cdots + c_{1m}x_m, \\ Z_2 = c_{21}x_1 + c_{22}x_2 + \cdots + c_{2m}x_m, \\ \qquad \cdots\cdots\cdots\cdots \\ Z_m = c_{m1}x_1 + c_{m2}x_2 + \cdots + c_{mm}x_m \end{cases} \tag{6.4}$$

式中,x 为原始变量 X 的标准化变量(即每个原始变量减去样本均数再除以样本标准差);c_{ij},$i,j=1,2,\cdots,m$ 为线性组合系数,被称为因子负荷量,其大小及前面的正负号直接反映了主成分与相应变量之间的密切程度和方向。主成分所反映的是所有样本的总信息,信息量由 Z_1 至 Z_m 逐渐减少。

第 i 个主成分的贡献率为 $\lambda_i/m \times 100\%$;λ_i 为与第 i 个主成分对应的特征值,可以通过特征方程 $|R-\lambda I|=0$ 进行求解,其中 R 为标准化变量的协方差矩阵(即相关矩阵),I 为与相关矩阵同阶的单位矩阵。由此可知,前 P 个主成分的累计贡献率是 $\left(\sum_{i=1}^{P}\lambda_i/m\right) \times 100\%$。在应用时,一般取累计贡献率为 $70\%\sim85\%$ 或以上所对应的前 P 个主成分即可。有时 (Z_1,Z_2) 就能解释 $(x_1,x_2,\cdots,x_m)$ 方差的 $70\%\sim80\%$。

三、土壤重金属元素污染来源描述性分析

土壤重金属元素在土壤中的积累主要受人为活动的影响,其来源主要包括污染企业排放的废水、废气、废渣,农药、化肥的使用以及交通带来的车辆尾气的排放(见表6.9),不同的土地利用方式对重金属的分布有巨大的影响,对比富阳区土地利用分类图(见图1.1)、富阳区的产业状况(见表6.10)和土壤重金属元素的空间插值及分级结果(见图5.7),结合各重金属元素的不同污染源,可以大致考察富阳区土壤重金属污染的来源。

表 6.9　土壤重金属污染源

元素	污染源
As	冶金电镀、化工、玻璃、涂料、纺织、制革、医药、陶瓷、化肥、农药企业排放的废水；农药、化肥；煤炭燃烧、金属冶炼释放的废气
Cd	有色金属开采与冶炼、电镀、化工、塑料、染料、纺织、电池、电子、化肥企业排放的废水；农药、化肥；化石燃料燃烧、有色金属冶炼释放的废气
Ni	采矿、冶金电镀、塑料、玻璃、造纸、纺织、电池、电子、化肥企业排放的废水
Hg	采矿、冶金电镀、化工、塑料、造纸、墨水制造、纺织、制革、制药、电池、电子、农药、肥料企业排放的废水；农药、污泥；化石燃料燃烧、含汞金属冶炼释放的废气
Pb	有色金属开采冶炼、电镀、化工、塑料、造纸、印刷、涂料、纺织、电池、电子、焊锡、铜管、化肥企业排放的废水；化石燃料燃烧、有色金属冶炼释放的废气、汽车尾气
Zn	电镀、塑料、电池、电子企业排放的废水；污泥
Cu	含铜有色金属开采与冶炼、电镀、化工、造纸、染料、油漆、纺织、制革、农药、化肥企业排放的废水；农药、化肥；煤炭燃烧、含铜有色金属冶炼释放的废气
Cr	冶金电镀、化工、陶瓷、涂料、造纸、制革、化肥、氯碱工业、炼油

注：本表内容根据前人研究（陈怀满，1996；丛艳国，2002；郑国璋，2007）整理而成。

按照土壤重金属含量分级标准划分，从各重金属元素的分布图来看（见图5.7），As、Ni、Cr 三种元素的含量几乎都属于一级，只有非常轻微的污染，而 Cd、Zn、Cu、Hg 和 Pb 的污染相对严重。为了更清晰地了解污染来源，对 8 种重金属元素的空间分布在一级标准中做细分，可得出如下结论。

结合 As 分布图来看，As 的高值区在西北部的万市镇和洞桥镇，As 的富集可能与万市镇的五金锻造业、纺织业，洞桥镇的机械制造业有关。富阳区东北部、中部和西南部分区域 As 含量沿富春江向两侧递减的趋势明显，这可能与富春江两侧大量独立工矿排放的废水有关。

结合 Cd 分布图来看，Cd 的富集可能与万市镇、洞桥镇、场口镇、环山乡、大源镇的矿产冶金业以及渌渚镇的建材、轻纺业有关，常安镇、龙门镇和上官乡的 Cd 含量较高的原因可能与环山乡以及大源镇大量的矿产冶金产业有关。

结合 Ni 分布图来看，高值区集中在西北部的万市镇、洞桥镇。万市镇和洞桥镇 Ni 的富集可能来自当地的矿产冶金业、化工业、机械制造业和纺织制革业，但值得注意的是，富阳区西南部 Ni 的高值点明显沿河分布，说明可能与沿河独立工矿排放的废水和沿河农田农药、化肥的使用有关。

结合 Hg 分布图来看，Hg 的富集可能与万市镇、洞桥镇、胥口镇、高桥镇和富春街道等地独立工矿化石燃料燃烧、金属冶炼排放的废气有关。

表 6.10　富阳区各乡(镇)金属矿产资源、特色产业和污染企业数量

行政区名称	金属矿产资源	特色产业	污染企业数量							
			矿产冶金合金	化工	机械制造	通讯电子	纸业	纺织制革	医药	玻璃
万市镇		轻纺针织、五金锻造	8	4	7	4		6	1	
高桥镇	千家村铁矿、导岭铅锌矿	纺织、化工、机械、通信、橡胶	1	7	27	6	2	5	2	
受降镇	东坞山银铅锌矿	光通信、钢结构、电子、机械制造	10	3	14	6		2		
春建乡	下俞铅锌矿		6	6	4	2	2			
洞桥镇		自行车配件	10	3	21		3	5	2	
新登镇		玻璃、泡塑机械	3	1	8	1	2	2		
东洲街道			4	3	30	5		2	2	1
富春街道	铁坞口铅锌矿、铁锰矿	机械仪表、通信电子、汽车部件	2	11	17	1	2	4	4	1
渔山乡				3	5		2			
永昌镇		造纸、胶鞋	1	2			9	4		
里山镇			1	4			8		1	
灵桥镇			8	5	20	11	74	6		
春江街道				6	3		102	2		
鹿山街道		机械、电子、纺织			6		1	3		
胥口镇	外坞铁矿	大理石加工、纺织制革、医药制品	13	2	10	1	2	4	5	
大源镇	兰庄铜矿、中方坞铜矿		9	3	13	1	14	4		
环山乡	双林铜矿		24				1	1		
新桐乡			1	1						
渌渚镇		建材、轻纺、皮件		1	1	1				1
场口镇		天线	2	1	8	1	3	3		
龙门镇										
上官乡		球拍			3					
常安镇				2		3				
常绿镇		纺织		1	3		1	4		
湖源镇					3	1				

注:表中金属矿产资源根据富阳区矿产资源规划(2011—2015年)整理而成;特色产业和污染企业数量根据农村中国(www.9191.cn)的信息整理而成。

结合 Pb 分布图来看,高值区主要分布在北部的高桥镇、春建乡、永昌镇、新登镇和富春街道,中部往南的环山乡、场口镇、龙门镇、长安镇和湖源镇。高桥镇导岭村的 Pb 高值点与导岭铅锌矿吻合,春建乡下俞村的高值点与下俞铅锌矿吻合,富春街道的 Pb 富集可能与当地交通网密集,汽车尾气排放较多有关,新登镇和永昌镇的 Pb 富集可能与机械制造业和造纸业有关,龙门镇和常安镇的 Pb 富集可能来自环山乡的矿产冶金产业,并且受河流分布的影响,随着工矿企业污水的排放,湖源镇的值也很高。

结合 Zn 分布图来看,高值区分布在北部的春建乡以及中南部的环山乡、场口镇、龙门镇、常安镇和湖源镇。春建乡下俞村的高值点与下俞铅锌矿吻合,环山乡的矿产冶金合金业使得该地 Zn 含量偏高,并影响到了周边的场口镇和龙门镇,常安镇的 Zn 高值点基本与当地独立工矿的位置吻合,并沿河流影响到了湖源镇,常安镇的工业企业较少却存在较多的 Zn 高值点,这可能是由于当地工业发展刚刚起步,处于粗放发展阶段,环保技术应用较少,环保监管力度不够强。

结合 Cu 分布图来看,高值区主要分布在中部往南的富春街道、春江街道、环山乡、大源镇、场口镇、龙门镇、常安镇和湖源镇。其中,大源镇兰庄村的 Cu 高值点与兰庄铜矿吻合。富春街道、春江街道的 Cu 富集可能与当地数量众多的造纸企业有关,环山乡的 Cu 富集来自于双林铜矿以及数量较多的制铜、铜合金相关产业,并影响到龙门镇、湖源镇和常安镇的 Cu 高值点明显沿河分布,且两地工业发展程度较低,因此 Cu 富集可能是由于河两侧农田农药和化肥的使用。

结合 Cr 分布图来看,Cr 的高值点在西北部的万市镇和洞桥镇、北部的春建乡、高桥镇、受降镇、富春街道和东洲街道。Cr 的富集可能与万市镇的五金锻造业、纺织业,洞桥镇的机械制造业有关。春建乡、高桥镇、东洲街道和富春街道的 Cr 主要来源于化工和冶金业。

四、土壤重金属元素相关性分析

表 6.11 显示了富阳区农田土壤重金属元素含量 Pearson 相关性分析的结果。其中 As 与 Ni、Cu、Cr 在 0.01 水平上显著相关,与 Cd、Zn 在 0.05 水平上显著相关;Cd 与 Hg、Pb、Zn、Cu 在 0.01 水平上显著相关;Ni 与 Cr 在 0.01 水平上显著相关,与 Zn 在 0.05 水平上显著相关;Hg 与 Pb、Zn、Cu 在 0.01 水平上显著相关;Pb 与 Zn、Cu 在 0.01 水平上显著相关;Zn 与 Cu 在 0.01 水平上显著相关,与 Cr 在 0.05 水平上显著相关;Cu 与 Cr 在 0.01 水平上显著相关。这说明富阳区农田土壤的重金属污染可能是复合污染,Cd 与 Pb、Zn、Cu、Hg,As 与 Ni、Cr

可能有一致的来源，以复合污染的形式存在。

表 6.11　富阳区农田土壤重金属元素含量 Pearson 相关性分析

元素	As	Cd	Ni	Hg	Pb	Zn	Cu	Cr
As	1	0.132*	0.406**	0.033	0.064	0.202**	0.230**	0.361**
Cd	0.132*	1	0.150*	0.280**	0.537**	0.786**	0.673**	−0.020
Ni	0.406**	0.150*	1	0.059	−.069	0.132*	0.091	0.507**
Hg	0.033	0.280**	0.059	1	0.322**	0.172**	0.215**	0.037
Pb	0.064	0.537**	−0.069	0.322**	1	0.660**	0.675**	−0.048
Zn	0.202*	0.786**	0.132*	0.172**	0.660**	1	0.838**	0.123*
Cu	0.230**	0.673**	0.091	0.215**	0.675**	0.838**	1	0.182**
Cr	0.361**	−0.020	0.507**	0.037	−0.048	0.123*	0.182**	1

注：* 表示在 0.05 水平上显著相关；** 表示在 0.01 水平上显著相关。

五、土壤重金属元素污染来源因子分析

在多变量研究中，由于变量的个数很多，并且彼此往往存在一定的相关性，因此使观察的数据反映的信息在一定程度上重叠。因子分析则是通过一种降维的方法进行简化得到综合指标，综合指标是原来多个变量的线性相关组合。综合指标之间既互不相关，又能反映原来的观察指标的信息。因子分析在界定土壤或沉积物中元素的来源和分类方面有许多成功的应用。

在因子分析前，对采样点重金属含量数据进行 KMO 和 Bartlett 球形检验，结果分别为 0.709 和 1021.820($df=28$，$p<0.05$)，说明因子分析有效。

表 6.12 和表 6.13 显示了富阳区农田土壤重金属元素因子分析的结果，8 种重金属元素存在两个主成分，累计贡献率为 62.143%。其中，Cd、Pb、Zn、Cu、Hg 为第一主成分，贡献率为 39.689%；As、Ni、Cr 为第二主成分，贡献率为 22.454%。

第一主成分包括 Cd、Pb、Zn、Cu 与 Hg，可视为工业污染成分，这 5 种重金属元素的高值点大多存在于铅锌矿和铜矿中，采矿选矿、金属冶炼以及与之对接的金属加工、机械制造等产业排放的废水、废气、废渣很可能是重金属污染的来源。另外，Cd 和 Hg 的高值点基本存在于富阳区西北角的万市镇和洞桥镇，Pb、Zn、Cu 的高值点主要分布在北部的高桥镇、春建乡、富春街道以及中南部的春江街道、环山乡、场口镇、龙门镇、常安镇和湖源镇。除了龙门镇、常安镇和湖源镇，其余乡(镇)的矿产冶金业和机械制造业发展程度都较高，而这三个镇重金属污

染较严重的原因已在前文叙述,即受到环山乡和大源镇的影响,河流分布以及在工业发展初期环保力度不够。

第二主成分包括 As、Ni 和 Cr,可主要视为自然成分,受部分大气沉降影响。富阳区这 3 种重金属元素的平均值低于其环境背景值,其含量大致自西北向东南递减,而且这 3 种重金属元素的空间分布明显受富阳区盛行风向的影响,另外这 3 种金属元素的高值点几乎都出现在独立工矿聚集区或其附近,因此化石燃料燃烧、金属冶炼产生的废气以及含汽车尾气排放,以气溶胶的形态进入大气,经过自然沉降和降水进入土壤,这可能是 As、Ni 和 Cr 污染的来源。

表 6.12 富阳区农田土壤重金属含量总方差解释

成分	初始特征值			提取后特征值			旋转后特征值		
	特征值	贡献率(%)	累计贡献率(%)	特征值	贡献率(%)	累计贡献率(%)	特征值	贡献率(%)	累计贡献率(%)
1	3.271	40.893	40.893	3.271	40.893	40.893	3.175	39.689	39.689
2	1.700	21.250	62.143	1.700	21.250	62.143	1.796	22.454	62.143
3	0.956	11.948	74.092						
4	0.826	10.324	84.416						
5	0.544	6.800	91.216						
6	0.364	4.546	95.762						
7	0.205	2.566	98.329						
8	0.134	1.671	100.000						

注:因子提取方法为主成分分析法。

表 6.13 富阳区农田土壤重金属含量旋转后的载荷矩阵

重金属元素	初始因子载荷		旋转后因子载荷	
	1	2	1	2
As	0.302	0.565	0.153	0.622
Cd	0.832	−0.124	0.837	0.086
Ni	0.224	0.841	0.009	0.870
Hg	0.346	−0.075	0.354	0.013
Pb	0.782	−0.322	0.837	−0.119
Zn	0.925	−0.068	0.913	0.163
Cu	0.906	−0.049	0.890	0.177
Cr	0.176	0.736	−0.012	0.757

注:因子提取方法为主成分分析法;旋转方法为 Kaiser 归一化的方差极大法;提取的不同因子的元素组合的依据为相关系数。

六、小　结

我们可以看出，Ni 和 Cr 的值都低于背景值，几乎没有污染。As 的高值点在西北部的万市镇和洞桥镇，As 的富集可能与万市镇的五金锻造业、纺织业、洞桥镇的机械制造业有关。富阳区东北部、中部和西南部分区域 As 含量沿富春江向两侧递减的趋势明显，这可能与富春江两侧大量独立工矿排放的废水有关；Cd 的富集可能与万市镇、洞桥镇、场口镇、环山乡、大源镇的矿产冶金业以及渌渚镇的建材、轻纺业有关，常安镇、龙门镇和上官乡 Cd 含量较高的原因可能是环山乡以及大源镇大量的矿产冶金产业；Hg 的富集可能与万市镇、洞桥镇、胥口镇、高桥镇和富春街道等地独立工矿化石燃料燃烧、金属冶炼排放的废气有关。

Pb 的高值区主要分布在北部的高桥镇、春建乡、永昌镇、新登镇和富春街道，中部往南的环山乡、场口镇、龙门镇、长安镇和湖源镇。高桥镇导岭村的 Pb 值高点与导岭铅锌矿吻合，春建乡下俞村的高值点与下俞铅锌矿吻合，富春街道的 Pb 富集可能是与当地交通网密集，汽车尾气排放较多有关，新登镇和永昌镇的 Pb 富集可能是与机械制造业和造纸业有关，龙门镇和常安镇的 Pb 富集可能来自环山乡的矿产冶金产业，并且受河流分布的影响，随着工矿企业污水的排放，湖源镇的值也很高。Zn 的高值区分布在北部的春建乡以及中南部的环山乡、场口镇、龙门镇、常安镇和湖源镇。春建乡下俞村的高值点与下俞铅锌矿吻合，环山乡的矿产冶金合金业使得该地 Zn 偏高，并影响到了周边的场口镇和龙门镇，常安镇的 Zn 高值点基本与当地独立工矿的位置吻合，并沿河流影响到了湖源镇，常安镇的工业企业较少却存在较多的 Zn 高值点，这可能是由于当地工业发展刚刚起步，处于粗放发展阶段，环保技术应用较少，环保监管力度不够强。Cu 的高值区主要分布在中部往南的富春街道、春江街道、环山乡、大源镇、场口镇、龙门镇、常安镇和湖源镇。其中，大源镇兰庄村的 Cu 高值点与兰庄铜矿吻合。富春街道、春江街道的 Cu 富集可能与当地数量众多的造纸企业有关，环山乡的 Cu 来自于双林铜矿以及数量较多的制铜、铜合金相关产业，并影响到龙门镇，湖源镇和常安镇的 Cu 高值点明显沿河分布，且两地工业发展程度较低，因此，Cu 的富集可能是由于河两侧农田农药和化肥的使用。

Pearson 相关分析的结果显示，As 与 Ni、Cu、Cr 在 0.01 水平上显著相关，与 Cd、Zn 在 0.05 水平上显著相关；Cd 与 Hg、Pb、Zn、Cu 在 0.01 水平上显著相关；Ni 与 Cr 在 0.01 水平上显著相关，与 Zn 在 0.05 水平上显著相关；Hg 与

Pb、Zn、Cu 在 0.01 水平上显著相关；Pb 与 Zn、Cu 在 0.01 水平上显著相关；Zn 与 Cu 在 0.01 水平上显著相关，与 Cr 在 0.05 水平上显著相关；Cu 与 Cr 在 0.01 水平上显著相关。这说明富阳区农田土壤的重金属污染可能是复合污染，Cd 与 Pb、Zn、Cu、Hg，As 与 Ni、Cr 可能有一致的来源，以复合污染的形式存在。

　　主成分分析的结果显示，包括 Cd、Pb、Zn、Cu 和 Hg 的第一主成分为工业污染成分，采矿选矿、金属冶炼以及与之对接的金属加工、机械制造等产业排放的废水、废气、废渣很可能是重金属污染的来源。包括 As、Ni 和 Cr 的第二主成分为大气沉降带来的重金属污染，化石燃料燃烧、金属冶炼产生的废气以及含汽车尾气排放，以气溶胶的形态进入大气，经过自然沉降和降水成为 As、Ni 和 Cr 污染的来源。

参考文献

艾建超，王宁，杨净，2014. 基于 UNMIX 模型的夹皮沟金矿区土壤重金属源解析[J].环境科学，35(9):3530-3536.

曹伟，周生路，王国梁，等，2010. 长江三角洲典型区工业发展影响下土壤重金属空间变异特征[J]. 地理科学(2):283-289.

陈怀满，1996.土壤圈物质循环系列专著——土壤植物系统中的重金属污染[M].北京:科学出版社.

丛艳国，魏立华，2002.土壤环境重金属污染物来源的现状分析[J].现代农业化(1):18-20.

董骡睿，胡文友，黄标，等，2014. 南京沿江典型蔬菜生产系统土壤重金属异常的源解析[J].土壤学报，51(6):1251-1261.

范拴喜，甘卓亭，李美娟，等，2010. 土壤重金属污染评价方法进展[J].中国农学通报，26(17):310-315.

高瑞英，2012. 土壤重金属污染环境风险评价方法研究进展[J].科技管理研究，8:45-50.

胡大伟，卞新民，王书玉，等，2007.基于 BP 模型的南通市农田土壤重金属空间分布研究[J].安全与环境学报，7(1):91-95.

李艳霞，徐理超，熊雄，2007.典型矿业城市农田土壤重金属含量的空间结构特征——以辽宁省阜新市为例[J].环境科学学报，27(4):679-686.

林晓峰，蔡兆亮，胡恭任，2010.土壤重金属污染生态风险评价方法研究进展[J].环境与健康杂志(8):749-751.

刘思峰，谢乃明，2008.灰色系统理论及其应用[M].北京:科学出版社.

刘小诗，李莲芳，曾希柏，等，2014. 典型农业土壤重金属的累积特征与源解析[J].核农学报，28(7):1288-1297.

檀满枝，陈杰，徐方明，等，2006.基于模糊集理论的土壤重金属污染空间预测[J].土壤学报，

43(3):389-396.

沈掌泉,施洁斌,王珂,等,2004.应用集成 BP 神经网络进行田间土壤空间变异研究[J].农业工程学报,20(3):35-39.

孙锐,舒帆,郝伟,等,2011.典型 Pb/Zn 矿区土壤重金属污染特征与 Pb 同位素源解析[J].环境科学,32(4):1146-1153.

王纪华,沈涛,陆安详,等,2008.田块尺度上土壤重金属污染地统计分析及评价[J].农业工程学报,24(11):226-229.

王俊坚,赵宏伟,钟秀萍,等,2011.垃圾焚烧厂周边土壤重金属浓度水平及空间分布[J].环境科学(1):298-304.

王圣伟,冯娟,刘刚,等,2013.多嵌套空间尺度农田土壤重金属空间变异研究[J].农业机械学报(6):128-135.

王政权,1999.地统计学及在生态学中的应用[M].北京:科学出版社.

薛建龙,2013.污染场地周边农田土壤重金属的污染特征及 PMF 源解析研究[D].杭州:浙江大学.

赵利婷,刘湘南,丁超,等,2015.遥感同化 WOFOST 模型动态监测水稻重金属污染胁迫[J].农业环境科学学报,34(2):248-256.

赵卓亚,王志刚,毕拥国,等,2009.保定市城市绿地土壤重金属分布及其风险评价[J].河北农业大学学报(2):16-20.

郑国璋,岳乐平,李智佩,等,2006.关于中原黑惠灌区土壤重金属污染调查与评价[J].土壤通报(2):2337-2339.

钟小兰,周生路,李江涛,等,2007.长江三角洲地区土壤重金属污染的空间变异特征——以江苏太仓市为例[J].土壤学报,44(1):33-38.

周志华,陈世福,2002.神经网络集成[J].计算机学报,25(1):1-8.

Chang T K, Shyu G S, Lin Y P, et al., 1999. Geostatistical analysis of soil arsenic content in Taiwan[J]. Journal of Environmental Science and Health(Part A), 34(7):1485-1501.

Cloquet C J, Carignan G, Libourel T, et al., 2006. Tracing source pollution in soils using cadmium and lead isotopes[J]. Environmental Science & Technology, 40(8):2525-2530.

Facchinelli A, Sacchi E, Mallen L, et al., 2001. Multivariate statistical and GIS-based approach to identify heavy metal sources in soils[J]. Environment Pollution, 114(3):313-324.

Kaste J M, Friedland A J, Stürup S, 2003. Using stable and radioactive isotopes to trace atmospherically deposited Pb in montane forest soils[J]. Environmental Science & Technology, 37(16):3560-3567.

Korre A, 1999. Statistical and spatial assessment of soil heavy metal contamination in areas of poorly recorded complex sources of pollution Part 1: factor analyse for contamination assessment[J]. Stochastic Environmental Research and Risk Assessment, 13(4):260-287.

Melendez-Pastor I, Navarro-Pedreńo J, Gòmez I, et al., 2011. The use of remote sensing to locate heavy metal as source of pollution[J]. Advances in Environmental Research, 7: 225-233.

Perrodin Y, Boillot C, Angerville R, et al., 2011. Ecological risk assessment of urban and industrial systems: A review [J]. Science of the Total Environment, 409 (24) : 5162-5176.

Saaty T L, 2008. Decision making with the analytic hierarchy process [J]. International Journal of Services Sciences, 1(1): 83-98.

第七章 耕地土壤环境质量综合评价

耕地系统是一个复杂的系统,对其评价需要考虑多种层次属性,所以需要根据其评价的目标和要求寻找合适的评价方法,建立科学的指标体系,研究影响耕地质量地球化学的内、外部因素,并遵循一定的原则。

耕地土壤环境质量综合评价的主要评估指标分为内部因素和外部因素,内部因素作为主要评估指标包括土壤元素含量、土壤 pH 等,外部因素作为辅助评估指标包括大气质量、灌溉水质量和农作物质量安全性等。本章根据《土地质量地球化学评估技术要求(试行)》(DD2008—06),评估指标分为肥力养分指标和环境健康指标两类。建立具有多层次性的指标体系,对耕地土壤环境质量有相同影响的一组指标为一个层次。比如肥力养分指标和环境健康指标为两个指标层,肥力养分指标进一步划分为大量元素指标层和微量元素指标层,环境健康指标层分为重金属元素指标层和土壤 pH 指标层。

评价的主要思路是:首先,土地质量地球化学评价要遵循 9 项原则,分别为主导性原则、系统性原则、独立性原则、生产性原则、空间变异性原则、定量与定性相结合原则、实用性原则、相对稳定性原则、区域性原则,根据这些原则对不同层次的指标层筛选适宜评价的元素;然后依据生态学、土壤学和土壤学相关学科的理论和经验对各评估因子选择隶属函数模型,得出相应的隶属度;其次,采用层次分析法对不同指标层进行权重赋值,基本原则是同类型的指标两两进行比较,看其对耕地环境质量的影响程度;再次,采用加法模型获得土壤肥力和环境健康的综合指数;最后,将土壤肥力评价结果和环境健康评价结果进行叠加获得最终的土壤环境质量综合分析等。

第一节　土壤肥力分等评价

选取土壤中的营养元素进行土壤肥力分等评价。评估指标筛选遵循的原则包括以下几个方面(张桃林等,1990)。

(1)主导性原则:所选评估指标应是对其起主要影响的主导因子,以增强评估的科学性和简洁性。

(2)系统性原则:土地资源是一个经济生态系统,所以所选评估指标应能够反映土地资源利用的各个方面,如土地自然属性、经济发展、生态环境等。

(3)独立性原则:该原则要求所选的指标体系能够尽量反映土地的全部属性。指标间不能出现因果关系,避免重复评估。

(4)生产性原则:指标应选取那些影响土壤生产性能的土壤性质。

(5)空间变异性原则:所选评估指标应在空间上有明显变化,存在着突变阀值的土壤性质。

(6)定量与定性相结合的原则:把定性的、经验性的分析进行量化,必要时对现阶段难以定量的指标采用定性分析,减少人为影响,提高精度。

(7)实用性原则:所选的评估指标为能被大多数接受并且数据容易测定,重现性好。

(8)相对稳定性原则:评估指标一方面应是土地在一段时期内稳定;另一方面是对气候和管理条件变化较敏感,使其能够监测出土壤质量退化所导致的指标变化。

(9)区域性原则:成土母质及土地类型复杂使得影响土地质量的因素各不相同,因此在指标选取、分级赋值、权重确定等方面必须要体现不同区域的土地特点。指标体系可以在不同区域间进行比较,且可正确反映区域土地的自然和社会经济条件。

根据以上原则,土壤肥力评价选取了包括氮、磷、钾、有机质、硫、钙在内的大量元素指标和包括硼、钼、锰在内的微量元素指标。

一、评价标准

(一)大量元素

根据主导性原则,要选取主要影响因子,所以土壤肥力指标重点选择相对缺乏的元素。在富阳区土壤中,根据营养元素全量或有效态分级评估结果,占总评估区面积大于80%的指标不参与评估,即属于较丰富级别以上的指标要舍去。由富阳区表层土壤大量元素含量分级统计表(见表5.3)可知,所有元素的一、二级之和均没有大于80%,故暂都不舍去。

根据独立性原则,对大量元素做了 Pearson 相关性分析,从表7.1可以看出,N 和 K、OM、S 具有明显的相关性,K 和 OM、S 的相关性也很高,故舍去 K、OM 和 S。

表 7.1　土壤肥力大量元素 Pearson 相关性分析结果

	N	P	K	OM	S	Ca
N	1	0.167	0.929**	0.922**	0.957**	0.481**
P	0.167	1	0.111**	0.126**	0.106**	−0.020
K	0.929**	0.111**	1	0.934**	0.872**	0.038
有机质	0.922**	0.126**	0.934**	1	0.733**	0.077
S	0.957**	0.106**	0.872**	0.733**	1	0.031
Ca	0.481**	−0.020	0.038	0.077	0.031	1

注:* 表示在 0.05 水平上显著相关;** 表示在 0.01 水平上显著相关。

(二)微量元素

B、Mo、Mn 3 种元素一、二级之和均小于80%,故暂留。由表5.16可以看出,Mn 元素在评估区空间上有明显变化,变程较小、块金系数较大,也符合标准,选入质量评估指标体系参与评估。从表7.2中可验证 Mo 和 Mn 有显著相关性,而 Mn 的一、二级面积之和大于 Mo,故舍去 Mn。

表 7.2　富阳区表层土壤微量元素 Pearson 相关性分析结果

	B	Mo	Mn
B	1	−0.003	−0.064
Mo	−0.003	1	0.953**
Mn	−0.064	0.953**	1

注:* 表示在 0.05 水平上显著相关;** 表示在 0.01 水平上显著相关。

根据上述分析选取的土壤肥力评估指标见表7.3。

表 7.3　土壤肥力评估指标

大量元素	必需微量元素
N、P、Ca	B、Mo

二、评价方法

采用模糊隶属度函数模型对土壤质量进行评价,根据生态学、土壤学、植物学等相关学科的理论和经验来确定各评估指标隶属函数模型,根据生态效应曲线的形态选择合适的隶属函数来进行描述。

根据模糊数学的理论,将选定的评价指标与土壤肥力之间的关系分为戒上型函数、戒下型函数、峰值型函数 3 种类型的函数,参照前人的研究结果,通常情况下,土壤 N、P、K、S 等大量元素,B、Mo、Mn 等微量元素和有益元素可采用戒上型函数,As、Cd、Ni、Pb 等重金属元素采用戒下型函数,土壤 pH 和环境健康指标采用峰值型函数(陈文文,2012)。

基本评价思路为:根据元素类型选取隶属函数;把符合正态分布的数据进行分级;作为隶属函数的界限值。用层次分析法给各评价因子打分并计算出对应的权重值;把实测值代入选定的隶属函数进行计算,求出各评价因子的隶属度;最后采用加法模型对各评估因子进行权重和隶属度计算,获得土壤肥力地球化学综合指数。

(一)选取隶属函数

N、P、Ca、B、Mo 元素采用戒上型函数模型:

$$f(x)=\begin{cases}1, & x\geqslant U, \\ 0.1+0.9(x-D)/(U-D), & D<x<U, \\ 0.1, & x\leqslant D\end{cases} \quad (7.1)$$

式中,U 为上限值;D 为下限值;x 为实测值。

(二)确定隶属函数的界限值

将筛选出来的各项指标进行异常值剔除,使其服从正态分布或对数正态分布。对处理后的数据利用 SPSS 软件按照累积频率曲线法进行五级划分,统计出累积频率 20%、40%、60%、80% 和 100% 对应的含量值(见表 7.4),将其作为戒上型隶属函数的上限值和下限值,结果见表 7.5。

表 7.4　土壤肥力评估指标的累计频率统计

累计频率	N(mg/kg)	P(mg/kg)	Ca(mg/kg)	B(mg/kg)	Mo(mg/kg)
20%	98.00	6.80	294.65	0.22	0.09
40%	125.20	10.30	577.08	0.29	0.13
60%	153.20	15.00	842.99	0.37	0.21
80%	179.08	23.5	1362.75	0.50	2.12
100%	299.00	46.02	2617.25	0.88	4.14

表 7.5　土壤肥力评估指标隶属函数界限值

隶属函数	指标	D(mg/kg)	U(mg/kg)
戒上型($D=20\%;U=80\%$)	N	98.00	179.08
	P	6.80	23.5
	Ca	294.65	1362.75
	B	0.22	0.50
	Mo	0.09	2.12

(三)计算评估指标权重

评估指标为土壤有益元素时,样品中元素含量越少,越缺乏,权重值就越大;反之,权重值越小。评估指标含量特征相近时,变异系数越大,权重值就越大。C_{ij} 表示因素 i 和因素 j 比较相对于目标的重要性等级(见表 7.6)。

表 7.6　层次分析法重要性等级

序号	重要性等级	C_{ij} 赋值
1	i,j 两元素同等重要	1
2	i 元素比 j 元素稍微重要	3
3	i 元素比 j 元素比较重要	5
4	i 元素比 j 元素十分重要	7
5	i 元素比 j 元素绝对重要	9

注:可以根据情况判断选择 2、4、6、8 作为中间值;1/3、1/5、1/7、1/9 则表示 j 比 i 稍微重要,j 比 i 比较重要,j 比 i 十分重要,j 比 i 绝对重要。

决策目标层为土壤肥力指标,中间要素层为大量元素和必需微量元素,N、P 和 Ca 是大量元素的元素指标层,B 和 Mo 是微量元素的元素指标层。

对于中间层要素,大量元素是影响植物正常生长的主要因素,作物生长对微量元素的需求量相对较少,大量元素比微量元素显得更重要,重要程度看评估区的元素含量情况，评估区大量元素整体较为丰富，而微量元素在评估区缺乏面积相当大，所以认为大量元素比微量元素稍微重要而不是明显重要。

对于大量元素指标层，N、P 和 Ca 的一、二级样本分别占评估区总样本的比例为 39.54%、61.26% 和 55.79%，N 表现最为缺乏，其次是 Ca、P；从空间变异性来看 Ca 的块金值和基台值的比略大于 N，所以 N 比 P 十分重要，N 比 Ca 比较重要，Ca 比 P 稍微重要。

对于微量元素指标层，B、Mo 缺乏区样本占评估区总样本分别为 95.13%、78.43%，但是相差不大，所以 B 比 Mo 稍微重要。

按照上面的分析给不同元素的重要程度打分，采用层次分析法软件 yaahp 7.5 计算，得出各指标的权重（见表 7.7）。

表 7.7　土壤肥力评价各指标的权重

目标层	中间层权重	指标层权重		
土壤肥力评价	大量元素	N	P	Ca
	0.7500	0.5592	0.0901	0.1007
	微量元素	B	Mo	
	0.2500	0.1875	0.0625	

（四）土壤肥力分等评价

依据所选的隶属函数公式和算出的权重值，按下式计算比壤肥力地球化学综合指数（P）：

$$P_f = 0.5592f(N) + 0.0901f(P) + 0.1007f(Ca) + 0.1875f(B) + 0.0625f(Mo)$$

$$(7.2)$$

对全区各评估单元计算出土壤肥力地球化学综合指数（P_f），根据土壤肥力评价与分级标准（见表 7.8）进行土壤肥力分等评价。

表 7.8　土壤肥力评价与分级标准

综合参数	等级	含义
$P_f \leqslant 0.3$	3	肥力低
$0.3 < P_f \leqslant 0.7$	2	肥力中等
$0.7 < P_f \leqslant 1$	1	肥力高

三、评价结果

（一）大量元素

富阳区表层土壤大量元素筛选指标为 N、P 和 Ca，对三项评估指标的实测值进行权重和隶属度计算，并将评价结果进行普通克里格插值获得土地质量评估大量元素分等图，如图 7.1 所示。

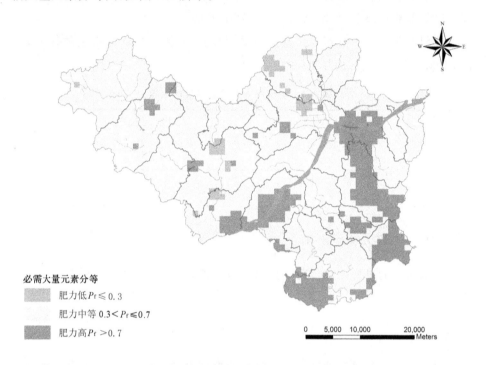

必需大量元素分等

肥力低 $P_f \leqslant 0.3$

肥力中等 $0.3 < P_f \leqslant 0.7$

肥力高 $P_f > 0.7$

图 7.1　富阳区土地质量评估大量元素分等情况

从图中可以看出，富阳区表层土壤大量元素主要属于肥力中等，其次为肥力高和肥力低。其中肥力高的土壤占富阳区的 16.16%，主要分布在中部地区的东洲街道、春江街道、大源镇、上官乡，南部的常绿镇、湖源镇以及西南的渌渚镇和新桐乡。肥力中等的土壤占了富阳区总面积的 81.65%，在富阳区几乎都有分布，肥力低的区域仅占富阳区总面积的 2.19%，主要分布在富阳区北部的高桥镇、富春街道以及西南部的渌渚镇和新登镇。

（二）微量元素

富阳区表层土壤微量元素筛选指标为 B 和 Mo，对两项评估指标的实测值进行权重和隶属度计算，将评价结果进行普通克里格插值获得土地质量评估微量元素分等图，如图 7.2 所示。由图可见，富阳区表层土壤微量元素肥力主要以中等为主，占该区总面积的 73.44%。肥力高和肥力低的土壤面积相差不大，分别占富阳区总面积的 13.20% 和 13.36%，肥力高的区域主要分布在研究区东部的东洲街道、渔山乡、里山镇和大源镇，肥力低的土壤在全区范围内都有零星的分布，没有明显的区域性特点。

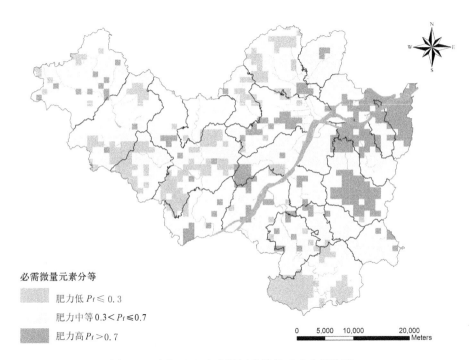

必需微量元素分等

肥力低 $P_r \leqslant 0.3$

肥力中等 $0.3 < P_r \leqslant 0.7$

肥力高 $P_r > 0.7$

0　5,000　10,000　　20,000
　　　　　　　　　　　　Meters

图 7.2　富阳区土地质量评估微量元素分等情况

（三）土地肥力综合评估

综合土壤大量元素和必需微量元素，对富阳区土地肥力进行分等，土壤肥力综合分等结果见图 7.3，土壤肥力各级面积及其百分比见表 7.9。土地肥力高的土壤面积为 35km²，仅占富阳区总面积的 1.92%，主要集中分布在中部地区的东洲街道、里山镇、春江街道和大源镇，其他地区也有零星分布。肥力中等土壤分布面积最多,为 1653km² ,占富阳区总面积的 90.53% ,全区范围内都有分布。肥力低等级的土壤面积为 138km² ,占总面积的 7.56% ,分布在研究区北部的高桥镇以及西南部的渌渚镇、新登镇,万市镇和洞桥镇也有零星分布。

表 7.9　富阳区土壤肥力各级面积及其百分比统计

分级	含义	面积(km²)	百分比(%)
3	肥力低	138	7.56
2	肥力中等	1653	90.53
1	肥力高	35	1.92

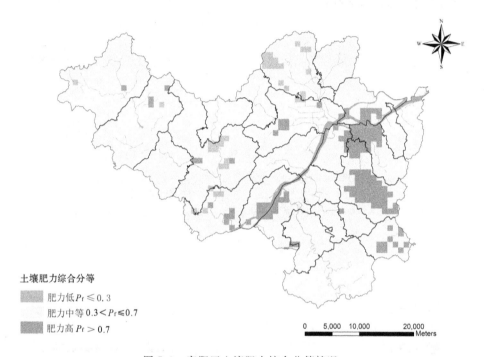

土壤肥力综合分等

肥力低 $P_f \leqslant 0.3$
肥力中等 $0.3 < P_f \leqslant 0.7$
肥力高 $P_f > 0.7$

图 7.3　富阳区土壤肥力综合分等情况

第二节　土壤环境健康质量分等评价

一、评价标准

选取土壤中重金属元素和酸碱度(pH)进行土壤环境健康质量评价,重金属元素包括砷(As)、镉(Cd)、镍(Ni)、汞(Hg)、铅(Pb)、锌(Zn)、铜(Cu)、铬(Cr)。

根据主导性原则,选择土壤环境指标相对超标的元素。根据土壤环境质量标准,在评估区土壤中,以下两种情况均不参与评估:①当 pH>6.5 时,重金属元素含量一、二级之和占总评估面积比例大于 50%;②当 pH<6.5 时,重金属元素含量一、二级之和占总评估面积比例大于 80%。本评估区 pH<6.5,根据指标筛选原则对土壤重金属元素进行选择,具体如下。

富阳区总体上重金属元素含量不高,其中 As 元素含量一、二级土壤面积之和所占比例为 99.64%,Ni 元素一、二级土壤所占比例为 99.28%,Hg 元素一、二级土壤所占比例为 98.20%,Pb、Cr 元素 100% 属于一级土壤,As、Ni、Hg、Pb 和 Cr 五种元素含量较低,对研究区几乎没有危害,因此不参与评估。Cd 元素一、二级土壤所占比例为 71.94%,故选 Cd 为评估指标。

另外,虽然 Zn 和 Cu 的一、二级面积之和达 80% 以上,但相较于其他重金属元素,土壤中 Cu、Zn 含量较高,Cu 元素有 74.1% 的样点低于一级土壤环境质量标准,Zn 元素有 41.27% 的样点低于一级土壤环境质量标准,结合有害重金属污染评价结果可知,Zn 和 Cu 元素的污染情况也较严重,因此将这两种元素纳入重金属元素的评估指标体系中。

pH 是土壤中一项重要的理化性质,pH 反映了土壤本身的酸化或碱化程度,影响许多元素的形态分布,更直接影响作物对元素的吸收、运输和利用,因此 pH 是必须选择的评估指标。

综上,选择 Cd、Zn、Cu 和 pH 作为环境健康指标。

二、评价方法

将选定的评价指标按戒下型函数、峰值型函数计算隶属度,按照与土壤肥力评价相同的方法进行评价,最终获得土壤环境健康地球化学综合指数。

(一)选取隶属函数

对 Cd、Zn、Cu 三种重金属元素采用戒下型隶属函数:

$$f(x)=\begin{cases} 0.1, & x \geq U, \\ 1-0.9(x-D)/(U-D), & D<x<U, \\ 1, & x \leq D \end{cases} \qquad (7.3)$$

式中,U 为上限值;D 为下限值;x 为实测值。

pH 采用峰值型隶属函数:

$$f(x) = \begin{cases} 0.1, & x \leqslant D, x \geqslant U, \\ 0.1 + 0.9(x-D)/(O_1-D), & D < x < O_1, \\ 1, & O_1 \leqslant x \leqslant O_2, \\ 0.1 + 0.9(U-x)/(U-O_2), & O_2 < x < U \end{cases} \quad (7.4)$$

式中，U 为上限值；D 为下限值；O_1 和 O_2 为最优值；x 为实测值。

(二)确定隶属函数的界限值

将筛选出来的各项指标进行异常值剔除，使其服从正态分布或对数正态分布。对处理后的数据利用 SPSS 软件按照累积频率曲线法进行五级划分，统计出累积频率 20%、40%、60%、80% 和 100% 对应的含量值(见表 7.10)，这些值即为戒下型隶属函数的上限值和下限值，峰值型隶属函数的上限值、下限值及最优值，结果见表 7.11。

表 7.10 环境健康评估指标累计频率统计

累计频率	Cd(mg/kg)	Zn(mg/kg)	Cu(mg/kg)	pH
20%	0.17	81.79	17.86	4.96
40%	0.20	91.24	22.82	5.43
60%	0.23	105.12	26.23	6.06
80%	0.28	123.67	30.12	7.00
100%	0.47	173.41	47.01	8.22

表 7.11 环境健康指标隶属函数界限值

隶属函数	指标	D	U	O_1	O_2
戒下型 ($D=20\%$；$U=80\%$)	Cd(mg/kg)	0.17	0.28		
	Zn(mg/kg)	81.79	123.67		
	Cu(mg/kg)	17.86	30.12		
峰值型 ($D=20\%$；$U=80\%$；$O_1=40\%$；$O_2=60\%$)	pH	4.96	7.00	5.43	6.06

(三)计算指标权重

评估指标为土壤重金属元素时，样品中重金属元素含量越高，污染越严重，权重越大；反之，权重越小。

决策目标层为环境健康指标，中间要素层为环境元素和 pH，Cd、Zn、Cu 是环境元素的指标层。

对于中间层要素,重金属元素在土壤中的富集会导致土壤质量下降,被植物吸收后影响植物的生长,更严重的是通过作物的富集影响人体健康,对生物体有强烈的毒害作用,pH 是土壤中一项重要的理化性质,酸碱度的高低直接影响植物对各种元素的吸收与运输,会抑制对营养元素的吸收或是加强对重金属元素的吸收,与土壤环境健康地球化学行为有着紧密的联系,总的来说重金属元素比 pH 重要。重要程度要看其在研究区的含量,由于研究区表层土壤重金属元素总体上含量不高,而研究区表层土壤的 pH 值整体稍偏酸性,对研究区受酸化影响较大,所以认为重金属元素比 pH 稍微重要而不是十分重要。

对于环境元素指标层,Cd、Zn、Cu 都属于有毒重金属元素,会通过作物引起人体致病。研究区 Cd 含量低于一级自然背景值的比例为 30.93％,Zn 含量低于一级自然背景值的比例为 41.22％,Cu 含量低于一级自然背景值的比例为 74.10％,Cd 的污染程度略高于 Zn,Cd 的污染程度明显高于 Cu,所以认为 Cd 比 Zn 稍微重要,Cd 比 Cu 十分重要。

按照上面的分析给不同元素的重要程度打分,采用层次分析法软件 yaahp 7.5 计算得出各指标的权重(见表 7.12)。

表 7.12　土壤环境健康评价各指标的权重

目标层	中间层权重	指标层权重		
	环境元素	Cd	Zn	Cu
土壤环境健康评价	0.7500	0.4826	0.2121	0.0553
	pH			
	0.2500			

(四)土壤健康环境质量分等评价

依据所选的隶属函数公式和算出的权重值,对土壤元素含量分析结果按下式计算环境健康综合参数(P_h):

$$P_h = 0.4826 f(\text{Cd}) + 0.2121 f(\text{Zn}) + 0.0553 f(\text{Cu}) + 0.2500 f(\text{pH}) \quad (7.5)$$

对全区各评估单元计算出环境健康综合参数(P_h),以表 7.13 所示的分级标准对评价结果进行普通克里格插值得到土壤环境健康质量综合分等图(见图 7.4),并统计各级面积及占比(见表 7.14)。

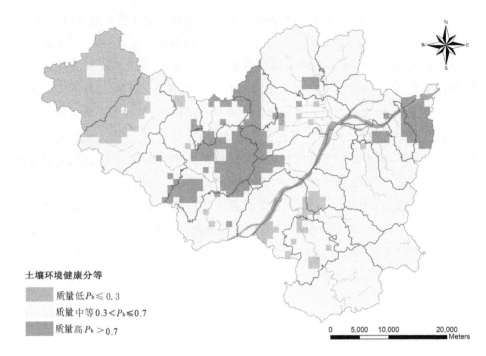

土壤环境健康分等

质量低 $P_h \leqslant 0.3$

质量中等 $0.3 < P_h \leqslant 0.7$

质量高 $P_h > 0.7$

图 7.4　富阳区土壤环境健康质量分等情况

表 7.13　环境健康质量综合评价与分级

综合参数	等级	含义
$P_h \leqslant 0.3$	3	质量差
$0.3 < P_h \leqslant 0.7$	2	质量中等
$0.7 < P_h \leqslant 1$	1	质量好

三、评价结果

　　综合土壤重金属元素和 pH,对富阳区土壤环境健康质量进行分等,得出了土壤环境健康评价结果。可知研究区环境健康综合质量大部分区域都属于中等,面积为 1339km^2,占富阳区总面积的 73.33%。环境健康质量好的土壤主要分布在研究区北部的春建乡,中部的新登镇、富春街道、鹿山街道的部分区域以及东北部的渔山乡,其他地区也有零星分布,面积为 256km^2,占富阳区总面积的14.02%。环境健康质量差的土壤面积为 231km^2,占研究区总面积的 12.65%,主要集中分布于研究区西北部的万市镇和洞桥镇以及中南部的环山乡、场口镇、常安镇,另外富春街道、渌渚镇和新登镇也有零星分布。

表 7.14　土壤环境健康质量评价结果统计

分级	含义	面积（km²）	百分比（%）
3	质量差	231	12.65
2	质量中等	1339	73.33
1	质量好	256	14.02

第三节　土壤环境质量综合评价

一、土壤环境质量综合分等

依据土壤肥力分等和土壤环境健康质量分等的综合评价结果，采用表 7.15 所示的叠置分等方案，将研究区分为优质、优良、良好、中等、差等五个等级。

根据分等方案对富阳区耕地土壤环境质量进行综合分等，得出结论（见表 7.16 和图 7.5）。评估区耕地土壤质量整体优良，其中一等优质耕地面积为 10km²，占富阳区总面积的 0.55%，二等优良耕地面积为 1526km²，占富阳区总面积的 83.57%，三等良好耕地面积为 34km²，占富阳区总面积的 1.86%，四等

表 7.15　土壤环境质量综合叠置分等方案

综合质量分等		土壤肥力质量分等		
		1	2	3
土壤环境质量分等	1	优质	优良	良好
	2	优良	优良	良好
	3	中等	中等	差等

表 7.16　富阳区耕地土壤环境质量综合评价结果统计

土壤环境质量综合分等	等级	面积（km²）	百分比（%）
1	优质	10	0.55
2	优良	1526	83.57
3	良好	34	1.86
4	中等	255	13.96
5	差等	1	0.06
总计		1826	100

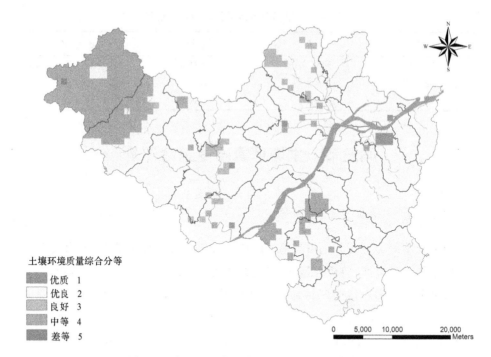

土壤环境质量综合分等

- 优质 1
- 优良 2
- 良好 3
- 中等 4
- 差等 5

图 7.5　富阳区土壤环境质量评价综合分等情况

中等耕地面积为 $255km^2$，占富阳区总面积的 13.96%，五等差等耕地面积仅有 $1km^2$，占富阳区总面积的 0.06%。分布上，灵桥镇小部分区域耕地质量最好，新登镇、渌渚镇、富春街道和里山镇各有 $1km^2$ 的耕地属于优质，优良的耕地在全区范围内都有分布，良好质量的耕地在高桥镇、新登镇、渌渚镇，西北部的万市镇、洞桥镇，北部的富春街道，中南部的环山乡、场口镇、常安镇的耕地土壤质量属于中等，万市镇有 $1km^2$ 的耕地属于差等。

二、不同土壤类型的环境质量等别特征

富阳区的土壤类型主要为红壤、水稻土、石灰岩土、粗骨土、黄壤等，不同土壤类型中大量元素、微量元素和重金属元素的含量情况是不一样的，从而造成分等差异。将土壤环境质量综合评价结果与土壤图叠加，进一步统计出不同土壤类型的质量等级，可以看出不同土壤类型的质量差异（见表 7.17）。

红壤在研究区的面积最大，为 $1059.52km^2$，其主要为优良耕地，面积为 $952.19km^2$，占红壤面积的 89.87%，其次为中等耕地，面积为 $78.72km^2$，所占比例为 7.43%，良好耕地、优质耕地和差等耕地的比例都很低，分别占 2.16%、0.45% 和 0.09%。

水稻土面积第二,为 407.60km²,主要是优良耕地,面积为 345.60km²,占水稻土面积的 84.79%,其次为中等耕地,面积 47.57km²,占 11.67%,其余等级的土地比例都很低。水稻土的优质耕地和良好耕地与其他各土壤类型比较,所占比例是最高的,优质地面积为 4.85km²,占比 1.19%,良好地面积为 9.54km²,占比 2.34%。

石灰岩土面积为 123.81km²,中等耕地面积最大,为 86.61km²,占石灰岩土面积的 69.95%,其次为优良耕地,面积 36.18km²,占 29.22%,良好耕地面积很小为 1.03 km²,仅占 0.83%,没有优质耕地和差等耕地。

粗骨土面积为 107.48 km²,其中优良耕地面积为 67.06km²,中等耕地面积为 37.26km²,这两者占大部分面积。黄壤面积 67.14km²,只有优良和中等土壤分布,分别占黄壤面积的 89.98% 和 10.02%。其他耕地大部分面积也是优良等别,占 94.38%。

总的来说,红壤的综合等别较高,有 90.32% 以上面积为优质优良耕地,其他依次为黄壤、水稻土、粗骨土,优良以上的耕地分别占 89.98%、84.79%、63.60%,石灰岩土的等别最低,有 69.95% 面积的土壤属于中等。

表 7.17 不同土壤类型质量等别统计表

土壤类型	面积(km²)	优质面积(km²)	优质比例(%)	优良面积(km²)	优良比例(%)	良好面积(km²)	良好比例(%)	中等面积(km²)	中等比例(%)	差等面积(km²)	差等比例(%)
红壤	1059	4.77	0.45	952.19	89.87	22.89	2.16	78.72	7.43	0.95	0.09
水稻土	407.60	4.85	1.19	345.60	84.79	9.54	2.34	47.57	11.67	0.04	0.01
石灰岩土	123.81	0	0	36.18	29.22	1.03	0.83	86.61	69.95	0	0
粗骨土	107.48	0	0	67.06	63.60	1.12	1.06	37.26	35.34	0	0
黄壤	67.14	0	0	60.41	89.98	0	0	6.73	10.02	0	0
其他	60.45	0.56	0.93	57.05	94.38	0	0	2.83	4.69	0	0

三、不同土地利用类型的环境质量等别特征

富阳区的土地类型以及样点采集情况主要以旱地、水田、林地、其他土地为主,不同的土地利用类型就有不同的耕作和管理模式,因此元素含量也会因地而异。将土壤环境质量评价结果与土地利用图叠加,进一步统计出不同土地利用类型的质量等别情况,从而得出不同土地利用类型之间的质量差异(见表 7.18)。

表 7.18　不同土地利用类型之间的质量等别统计

土地利用类型	面积（km²）	优质面积（km²）	优质比例（%）	优良面积（km²）	优良比例（%）	良好面积（km²）	良好比例（%）	中等面积（km²）	中等比例（%）	差等面积（km²）	差等比例（%）
水田	226.39	2.58	1.14	189.06	83.51	6.11	2.70	28.59	12.63	0.05	0.02
旱地	63.11	0.43	0.68	51.07	80.93	0.85	1.34	10.74	17.02	0.01	0.02
林地	1162.84	4.65	0.40	976.20	83.95	21.51	1.85	159.66	13.73	0.93	0.08
其他土地	373.66	2.91	0.78	309.54	82.84	5.98	1.60	55.11	14.75	0.07	0.02

注：其他土地包括城镇工矿用地、设施农用地以及沙地裸地等。

水田分布面积为 226.39km²，优良地占了大部分面积，为 189.06km²，占到水田总面积的 83.51%。其次为中等地，面积为 28.59km²，占 12.63%，优质地面积为 2.58km²，占 1.14%，与其他土地利用类型的优质地比较，分布面积相对较大。

旱地分布面积为 63.11km²，主要也为优良地，面积为 51.07km²，占旱地总面积的 80.93%。其他等级依次为中等地、良好地、优质地和差等地，分别占 17.02%、1.34%、0.68% 和 0.02%。

林地分布面积最大，为 1162.84km²，其主要为优良地，面积为 976.20km²，占林地总面积的 83.95%。其次为中等地，面积为 159.66km²，占 13.73%，良好地、优质地面积很小，占比依次为 1.85%、0.40%，差等地所占比例为 0.08%，与其他土地利用类型的差等地对比，占比较高。

其他土地分布面积为 373.66km²，主要为优良地和中等地，分别占 82.84% 和 14.75%，其他等级面积都很小。

总的来说，水田的等别较高，优质地、优良地共占 84.65%。其次分别为林地、旱地和其他土地，优质地、优良地分别共占 84.35%、83.62% 和 81.61%。可知富阳区不同土地利用类型的质量分等特征差异并不是很大。

四、小　结

根据主导性、系统性、独立性、生产性等原则筛选确认耕地土壤环境质量综合评价指标为：大量元素 N、P、Ca，微量元素 B、Mo，重金属元素 Cd、Zn、Cu 以及酸碱度 pH。

综合土壤大量元素和微量元素指标，对富阳区土壤肥力状况进行分等，土壤肥力一等占总面积的 1.92%，二等占总面积的 90.53%，三等占总面积的

7.56%。三等地分布在富阳区北部的高桥镇以及西南部的渌渚镇、新登镇,另外西北部的万市镇和洞桥镇也有零星分布。

综合土壤重金属元素和 pH 指数,对富阳区土壤环境健康质量进行分等,环境健康质量一等占区域总面积的 14.02%,二等占 73.33%,三等占 12.65%。一等主要分布在富阳区北部的春建乡,中部的新登镇、富春街道、鹿山街道的部分区域以及东北部的渔山乡,其他地区也有零星分布,三等主要集中分布于富阳区西北部的万市镇和洞桥镇以及中南部的环山乡、场口镇、常安镇,另外富春街道、渌渚镇和新登镇也有零星分布。

根据分等方案对富阳区土壤环境质量进行综合评估和质量分等,将其分为优质、优良、良好、中等、差等五个等级。优质地占总面积的 0.55%,主要集中分布在灵桥镇附近,优良地占总面积的 83.57%,在全区内有广泛分布,良好地占 1.86%,分布在高桥镇、新登镇、渌渚镇,中等地占总面积的 13.96%,分布在西北部的万市镇、洞桥镇,北部的富春街道以及中南部的环山乡、场口镇、常安镇,差等地极少,仅占总面积的 0.06%。

另外,不同土壤类型和土地利用类型的分等特征存在一定差异。对于不同土壤类型,红壤的综合等别较高,90.32% 以上面积为优质、优良土地,其他依次为黄壤、水稻土、粗骨土,优良以上的土地分别占 89.98%、84.79%、63.6%,石灰岩土的等别最低,69.95% 面积的土壤属于中等。对于不同土地利用类型,水田的等别较高,优质地、优良地共占 84.65%。其次分别为林地、旱地和其他土地,优质地、优良地分别共占 84.35%、83.62% 和 81.61%。可知富阳区不同土地利用类型的质量分等特征差异并不是很大。

参考文献

陈文文,2012.典型市县级土地质量地球化学评估——以长沙市大河西先导区为例[D].长沙:湖南科技大学.

张桃林,潘剑君,赵其国,1999.土壤质量研究进展与方向[J].土壤(1):2-8.

第八章　耕地质量和生态环境管控

第一节　土地管理视角下重金属污染防治管理

一、土地利用/覆被变化(LUCC)对土壤重金属积累的影响

土地利用/覆被变化(LUCC)是驱动环境演变的最重要的人类活动之一,对重金属在环境或者生态系统中的累积、分布、运移等行为影响巨大(Derome et al.,1998;Imperato et al.,2003;De Vries et al.,2007)。研究发现,土地利用和覆被变化是控制土壤重金属空间累积和分布的重要因子,土地覆被可以直接吸纳重金属,亦能通过改变土壤物理、化学和生物性质从而控制重金属在土壤中的移动性和活性,造成土壤中重金属的累积直至污染(于兴修等,2004;靳治国等,2009;谢婧等,2010)。

植物是 LUCC 的重要介质,是土壤重金属累积的重要控制因素。单株植物一方面通过根际表面吸收或固定化作用降低重金属淋失,另一方面,通过根际有机酸活化作用、根际微生物活化或者有机质分解增加重金属淋失,所以重金属的累积取决于这两种作用的强度(宋成军等,2009)。以往单株植被研究多偏重于富集效应或者淋失效应,目前国外学者开始关注植物对土壤中重金属累积综合效应的研究,并在恢复实践中开始选择既能固定土壤又能从中大量富集重金属的植物。可见,针对特定重金属污染物,通过筛选并恢复对其有超稳定和超萃取特性的植被,可以减弱土壤中重金属污染物的移动性和毒性,减小其伴随土壤水蚀、风蚀和淋失的总量,超富集植物还能从土壤中大量摄取重金属,实现重金属从土壤到植物的有效转移,从而控制或者稳定污染区面积。

在农用地尺度上,土地利用以改变植物种类和植被类型为核心内容,改变了覆被(尤其是植被)组成及其结构,促进或者减缓了生态水文过程,进而改变了土壤理化性质、土壤和植被特性,最终改变了多种来源的重金属的迁移和扩散过程,造成其在土壤中的累积(宋成军等,2009)。因此,农业用地类型决定了重金属带入的强度,对土壤重金属的累积有重要影响。例如,研究发现菜地、污灌农田和设施农地的土壤重金属含量普遍高于常规农田(陆安详等,2007;李恋卿等,2003)。

工业、交通等都是重金属的重要释放源,对土壤重金属的累积特点具有重要影响。释放源的特点和空间格局决定了土壤中重金属的累积特点(Ross,1994)。工矿企业及其废弃物堆放场地往往形成点污染源,影响范围超过数公顷,形成以工矿为中心的污染场地,距离污染点越近,土壤重金属累积越高。交通用地周围往往沿路域形成条带式的重金属污染格局。Lin 等(2002)分析了台湾省昌华县土壤重金属污染和景观格局的关系,发现土壤铬、镉和镍浓度和景观多样性指数呈显著正相关,而景观多样性和城市化程度(工厂数量)正相关,表明了城市化和工业化对重金属污染格局有很大影响。Chang(1999)指出在一个面积为 2.69km^2 的场地上,重金属空间分布格局与厂矿、灌溉沟渠的位置显著相关。Blake 等(2007)研究景观修复对 Fendrod 湖底沉积物的重金属污染影响后,认为掩埋于修复景观下的矿山废料增加了土壤中重金属的异质性,降雨的空间变异进一步促进了部分土壤中的重金属释放,使得重金属污染过程变得复杂。

由于 LUCC 和重金属污染过程伴随着强烈的人类活动,而城市又是人口密集、活动强烈、土地利用/覆被变化剧烈的地域,因此,对区域尺度的 LUCC 与土壤重金属累积和污染关系的研究集中在城市土壤研究上(宋成军等,2009)。城市土壤重金属的累积和污染的原因较多,其重金属含量远比未利用地和乡村径流中的污染物含量高(Sartor et al.,1974)。而工业活动对城市土壤重金属的累积影响最为重要,尤其由于金属矿物的开采利用,铅、镉、汞已成为主要的危害人类和环境的有毒物质。如 Imperato 等(2003)研究了那不勒斯市的土壤,发现工业区土壤铜、铅和锌含量显著超过公园和居住区,工业区铜的含量甚至接近铁路和轨道旁土壤。潘根兴等(2000)研究了江苏省某县不同环境下土壤铜和铅的活化率,发现工业发展给土壤环境带来了强烈的重金属污染冲击。康玲芬等(2006)通过对兰州西固区 5 种土地利用类型下的土壤重金属含量进行研究发现,铅、锌、铜、镉和汞的含量在不同土地利用类型下差异显著,综合污染指数由大到小排列为:工业区>农业>道路两侧>居民区>公园。可见,与矿业等工业活动相关的土地利用方式不仅伴随着重金属元素的大量释放,造成了工业区土壤重金属的大量累积,而且工业废气和粉尘沉降及工业废水灌溉导致了受体土壤重金属的累积。李恋卿等(2003)和荆旭慧等(2007)在太湖地区以乡(镇)环境为单元,研究了不同土地利用对水稻土耕作层重金属累积的影响,发现工业环境下农田表层土壤重金属有效态含量、总量和污染指数均高于非工业环境。李晓燕等(2010)通过对北京市大规模的取样调查,系统探索了土地利用方式对土壤重金属的累积特征,发现砷、镉、铜、镍、铅和锌的综合累积程度由高到低的顺序为工业区>公园>商贸区>校园>住宅区>城市广场>交通边缘带。马建华等(2011)分别于1994年和2006年在城市不同功能区的同地点采集表层土壤砷、铅、镉和汞含量数据并进行重金属污染评价,发现城市土壤重金属含量及其污染程度空间变异十分明显,工业区污染最严重,土壤利用方式变化和土地权属变更对城市土壤重金属污染具有明显影响。郊区农田转变为城市用地后,土壤重金属污染程度有加重趋势,且重金属污染变化与经济发展具有明显的正相关性。可见,城市土壤重金属含量的空间分布具有明显的空间异质性,主要受城市产业布局、功能分区、工业活动及与污染源距离的影响。

以上分析表明土地利用方式决定了工业用地的工业活动类型和强度,以及农业用地的施肥量和耕作管理制度,而这些因素进一步导致了某种土地利用类型下土壤重金属含量空间分异(赵淑苹等,2011)。另外,区域尺度的LUCC对水土流失过程会产生很大影响,加上降雨和大气沉降的时空变异,造成"源"和"汇"景观在特定条件下相互转化,而重金属的累积及其生态效应取决于景观的源汇特性(Johnson,2004),重金属的累积是其迁移扩散过程的直接结果,作为一类物质流,其迁移扩散过程往往为景观格局所决定(傅伯杰等,2008),所以"源-汇"格局改变引起重金属污染格局改变。

总之,不同的土地利用/覆被类型及其搭配组合控制生态系统中重金属元素的输入和输出能力各异,构成重金属污染的源-汇镶嵌格局,合理的土地利用/覆被类型及其搭配组合有利于重金属在生态系统或者景观间的截持或者运移。所以,通过优化土地利用/覆被格局可以最大限度地控制或者减弱重金属在土壤中的累积和分布,明确景观毒理生态学中的毒物—景观要素—景观格局—生态过程关系,从而有助于接近甚至达到重金属污染防治、风险预测、修复污染土壤的目的。

二、土地整理与耕地重金属污染防治

土地整理是目前我国补充耕地面积和提高土地利用效率的重要手段。土地整理最早出现在中世纪的欧洲,其中以德国的土地整理历史最悠久,法国、加拿大、日本、韩国等国也适时开展了土地整理。尽管我国有关土地整理的工作很早就已开展,但土地整理概念的正式提出还是以 1998 年颁布的《中华人民共和国土地管理法》为标志,并因此形成符合我国当前经济社会发展需求的土地整理概念:依据土地利用总体规划并结合土地利用现状,采取行政、经济、工程、技术和法律等手段,通过合理配置土地资源、调整土地利用结构,来提高土地利用率,改善和保护生态环境,促进土地资源可持续利用与社会经济可持续发展。在土地整理问题的研究上,国外主要集中在土地整理与农业、农村发展的关系、整理模式、整理效应、整理评价以及整理技术等方面,研究重点由早期的着力改善农业生产条件、促进农村和人口密集地区的发展逐步过渡到保护自然和生态景观、维护土地生态安全、重建土地生态系统,研究中重视吸收景观生态学的理论和方法,重视生态学、社会学、经济学等多学科联合,重视科学研究与工程技术的联合。国内的研究主要涉及土地整理理论、整理规划设计、整理效应评价、整理技术、整理潜力、整理模式、整理资金来源、公众参与等方面。

虽然我国土地整理在增加耕地面积、提高土地利用效率和改善农业生产条件上发挥了重要作用,但也出现了诸如"重数量、轻质量、轻生态"等问题,尤其随着新时期我国工业化、城镇化进程的加快,耕地污染问题日趋严重。我国耕地污染主要是由采矿、冶炼、化工等工业产生的"三废"以及污水灌溉、农药和化肥的不合理施用等引起的。另外,据调查,我国 320 个重点污染区中,污染超标的农田农作物种植面积为 $6.06 \times 10^5 \ hm^2$,占监测调查总面积的 20%;其中重金属含量超标的农产品产量与面积约占污染物超标农产品总量与总面积的 80%以上,尤其以 Pb、Cd、Zn、Cu 及其复合污染最为突出(王岩,2012)。

在土地整理实践中,在整理工作开始前很少考虑耕地污染情况,很少对耕地污染进行调查、评价和修复,这就导致工程竣工后虽然耕地面积增加、土地利用率提高,却极容易出现污染面积扩大,污染物二次转移,污染情况复杂化等新问题(王岩,2012)。土地整理工程性措施是人类对土地生态系统的强烈干扰(刘城刚等,2005),土地整理的方式、方法和技术措施不当可导致土壤结构、肥力和生物学性状发生变化,对土地生产力构成不良影响,从而导致土地退化(柳民顺,2002)。例如,土地整理工程中的机械化填埋容易造成土壤板结,破坏表土熟化层,致使土壤中微生物大量减少(Tsai,1993;Pruckner,1995),有机质含量降低,土壤生态系统失衡,从而破坏土壤结构。在机械化填埋和土地整理后,农作物的单一化连片种植会使生物多样性减少,增强雨水对土壤的冲刷淋洗(Fleischer,2000),使土壤养分失衡,不利于水土保持,从而影响整个农田生态系统的稳定(向海霞,2009;梁小虎;2010;李岩,2007)。而对污染耕地进行土地整理更是会伴随耕地土壤质量恶化、作物产量和品质下降等现象。

我国有3亿亩耕地受重金属污染,占全国总耕地面积的1/6。重金属污染具有持久性、难降解性和高毒性等特点,一旦进入土壤很难清除。目前我国土壤重金属污染修复的重点,仅局限于矿区复垦地、工业三废排放区等污染极其严重的小范围区域,所用的修复手段大多数为价格低、针对性强、操作易的植物或微生物修复方法(鲍桐等,2010)。这些方法虽然能够改善土壤环境质量,但修复周期长,易造成土地闲置,并不适用于大面积低污染的耕地土壤重金属污染修复(王岩等,2012)。与美国等国家重金属污染土壤大多面积或体积较小故主要采取固化填埋的处理方式所不同的是,我国耕地土壤重金属的污染修复目的是恢复土壤的农业生产功能,满足农业的生产要求,这就决定了我们的产业技术是固化、稳定化污染物,即在土壤原有位置上用化学药剂与重金属元素发生化学反应,使其不再被雨水浸出或被植物根系吸收。但由于原位化学稳定化药剂配方往往不够合理,必须要添加很多才能起到稳定效果,导致修复成本过高、土壤性质改变和植物减产等后果。

可以说,目前重金属污染耕地修复仍然面临多重困境。哪些污染耕地该修复?修复后能否满足耕种需要?若不能满足,应如何调整其土地用途?这些问题都不应与土地整理分道而行。由于土壤本底中自然就含有一定数量不同种类的重金属,外源污染又会增加重金属含量,当耕地质量下降、土壤酸化等造成其活性增强时,就可能被农作物吸收并形成累积。通过采取农艺耕种等措施,可以调控农作物对重金属的吸收和累积状况。对污染较重的耕地调整土地利用类型和农作物种植结构,不再种植农作物而改种经济作物,并对残余物去向进行监控,不得再回流进入耕地。国内学者已认识到运用土地整理工程手段对浅层耕地重金属进行修复,可以在成本较低的情况下降低耕地的环境风险水平。但在土地整理过程中污染修复技术选择、污染物暴露途径阻隔和土地用途改变等问题仍需要深入探讨。

总结起来,至今已开展了十多年的土地整理工作,不仅是补充耕地的一种手段,更是提高耕地质量、提升耕地产能的有效途径。但在过去的工作中,这种有效性更多是通过完善"田、水、路、林、村"基础设施体现出来,而非通过改善治理耕地质量来提升耕地产能。从砷、镉、铬等各种土壤污染事件,到中毒的商品粮生产基地,面对经济快速发展和城镇化所带来的耕地污染问题,传统的土地整理工程对此并没有充分地考虑。借助土地整理的契机,将污染防治纳入到土地整理任务中十分必要,国家已将这一概念放入生态文明建设顶层设计之中,财政部联合农业部已于2014年启动了重金属污染耕地修复综合治理项目,并先期在湖南省长株潭地区开展试点。在土地整理过程中,控制污染物扩散和修复现有污染需要调动环保、农业、水利等多个部门,需要融合管理学、生态学、地理学、环境科学和建筑工程学等多个学科,需要在土地整理工程技术、整理模式方面进行创新研究,需要得到配套政策支持。这项工作对于提高土地整理的效益具有实际的应用价值,对于提高农产品质量、保障粮食安全具有重大意义。

三、土地利用规划与重金属污染防治

当前,土地污染、大气污染和水污染等多种污染问题涌现,其与土地利用规划及后期管理中环境公义设计和管制模式的缺失不无关系。土地利用规划必须体现环境公义的特征,避免因经济发展造成对周边的环境污染和落后地区公共服务设施的忽视;土地利用规划的本质在于对未来用地的规划,需要对过去因不恰当的土地利用行为或不合适的土地政策造成的污染问题进行制约。因此,规划部门可以通过改变土地用途对当前重金属污染产业用地进行限制,也可以通过土地用途管制对污染土地实行修复与用途管制相结合的法律治理。

(一)建立工业用地空间缓冲带

工业用地的不合理利用会对周边区域或更远区域的生态环境造成严重的负面影响,也是重金属面源污染的主要根源。工业"三废"的排放会使其周围土壤富集各类重金属元素,从而降低其所在区域的土地质量。根据富阳区重金属元素的分布情况对研究区进行污染程度分析以及重金属污染源解析,胥口镇和新登镇的污染相对较低,在这两个镇附近需要建立工业用地与居住区之间的缓冲带,如绿化带、开放空间、对环境不产生负效应的转型产业等,使其与具有污染性的工业用地保持一定的安全距离。另外,需要制定相关政策规范来把控工业用地的选址,限制一些特定的、会导致严重污染的工业用地类型及其附属设施用地的建设。

（二）已污染工业用地的整治

缓冲带的建立主要是针对当前还尚未有严重污染的用地或者未来规划的工业用地，而对西北部的万市镇、洞桥镇，北部的高桥镇和受降镇以及从富春街道往南发展的 11 个乡镇，已被重金属强度污染，对这些区域的机械制造业、造纸业和矿产冶金业等工业用地集中区域进行专门管制和规划，必要的话对这些地区的工业用地进行用途变更。需要注意的是，对于规划变更的工业用地，是不能直接在原用地上进行人口聚集程度高的用地类型建设的，比如居住区、商厦、学校、酒店等，以免引起更严重的社会问题。这是因为在工业生产过程中，会产生多种复合的重金属污染物，这些重金属污染物会长期滞留在原工业用地及周边土地内，如果不加以综合整治，进行宗地处理，就会危害到在这里长期居住的人们的健康。规划部门在进行城市规划时，必须依据现有污染性工业用地的分布情况，合理规划即将建设的人口聚集地，避免这些区域受到污染物的侵害。另外，政府需要对已污染工业用地进行控制、修复和治理，实现土地利用的可持续性。

（三）重金属污染耕地的用途管制

为了应对严峻的耕地重金属污染形势，如何在预防与治理污染的同时，通过优化土地用途管制的内涵，由政府运用管制工具对污染耕地加以及时的管控，是一个具有理论和现实双重价值的问题。

重金属污染耕地修复和治理存在多方面阻碍，如农民环保水平和自主修复能力有限、修复的技术条件不够完备、修复资金短缺等，这决定了污染耕地的修复需要与土地用途管制相结合（高明俊等，2015）。据保守估计，修复被污染的土壤需要 1000 亿元。中国目前的环保投入不管是从政策上还是经济上，均无法提供如此大力度的支持。当然，意识到资金困境以及其所导致的阻碍问题，并不是主张将污染耕地弃之不予修复，而是主张修复必须与管制相结合，这样才能保证污染耕地综合治理的效益，防止污染农产品和危害人类健康。

由于不同农产品对重金属污染物的吸收能力存在差异，不同的环境场景和土地利用方式将会构成不同的风险水平。基于风险管理方法，在考虑制订耕地修复计划时，应主要考虑污染程度及未来用途，而非一刀切式地追求完全修复。结合环境科学的研究，使重金属污染耕地的种植接受一定指导，不但能防止农产品污染带来的风险，而且可以净化土壤。研究表明，通过采用科学方法、遵循科学规律来规划污染耕地的空间利用，对污染耕地实施适当和及时的用途控制，能从源头上控制污染农产品的产生。同时,种植具有较强重金属吸收能力的作物,并对这些成熟作物进行适当的处理,是一种便于操作的改善土壤的方法。结合污染耕地的土壤修复转变传统的土地利用思维,不但能保障农产品安全,还能逐渐治愈土壤。

由于污染耕地的修复需要一个很长的过程,修复期间不产生经济收益。对污染耕地实行用途上的管制,可以在土壤污染尚不能完全进行修复时,指导农民对污染耕地的整体利用,一定程度上有效遏制了污染耕地对农产品生产的不良影响,控制了危害农产品的生产与流通。

对污染耕地实行用途管制必须建立在土地监测的基础上,通过对污染状况的评价和分析将耕地划分为不同的区域,实现分区管理,再结合管制工具实现有效的行政控制。土地用途管制的落实主要依靠编制总体规划和计划、限制审批权限、耕地占补平衡、农田特殊保护和执法监管这五个方面。对污染耕地实行用途管制时,污染耕地经监测与划定范围后,管制权归属及如何运行是根本问题。在土壤污染领域,耕地污染情况经由环保部门监测和确定后,应由县级以上环保部门会同农业部门和国土部门制订相关规划,并报请同级人民政府批准并公布实施。由于环境污染导致耕地危害,这种情况下管制权应当归属环保部门,并应确立环保部门的牵头地位,以赋予其对污染土地的控制权。环保部门在掌握污染数据的同时,必须根据污染空间和污染程度规划污染耕地的用途管制范围及方式。在实施过程中,土地权利人需要对特定耕地进行用途调整与变更的,需报请环保部门批准。在管制内容上,应全面考虑到耕地直接关系着农产品生产,涉及公共安全,在农产品有影响公共健康之虞时,对受重金属污染耕地应采取休耕的管制,或在土地利用规划中改变其利用类型。根据土壤污染监测结论,对污染耕地应区分用途进行有针对性的管制,如对污染严重的耕地可以开展有偿开发利用试点,突破二元制土地所有制的束缚。

对重金属污染耕地实行用途管制的具体实现方式,可以借鉴"用途分类＋用途分区＋用途变更许可"的体系展开(杨惠,2010)。①由环保部或农业部在污染监测的基础上,对耕地重金属污染程度进行分级,选出高风险污染耕地。已经有地方出台地方规范性文件,对重金属污染土壤区分重点防控区和非重点防控区,并采取不同的环境管理政策。根据实践经验,耕地污染程度等级划分应在环保部门监测数据的基础上开展,会同国土部门和农业部门进行耕地用途分类规划,确定特定污染地块不适宜种植的农作物的种类,或提供种植种类的范围。②对于重金属污染耕地实施管制性行政指导。具体地说,重金属污染耕地用途管制中的行政指导应遵循的原则是：首先，在改变污染耕地利用类型方面，应主要以农用为主，对于能够通过调整种植结构、改变耕作制度有效减少重金属进入食物链或减缓农产品污染的耕地，不变更土地利用类型。其次，对于调整后种植的农作物仍然会产生食品安全危害，或污染达到不适宜种植农作物程度的耕地，尽量在二级土地类型内进行调整，以减少烦冗的行政程序；如污染级别特别高，不适宜耕作种植粮食和蔬菜，应先行种植林木等，并对行政相对人予以一定经济补偿。③对于污染特别严重的耕地，应将其划定为禁止生产区，在权利人利用土地前，必须经环保部门用途管制许可通过。目前，面对中国土壤污染严重的现实，有人提出对严重污染的农田进行封闭，治理达标后再使用，或者将农田用地改为建筑用地。比较合理的做法是：对于污染特别严重的土地建立禁止生产区，对于危及生存的土地甚至需要进行生态移民。具体实施方案由环保部门报告地方政府研究划定，并对污染耕地采取登记制度，对其利用实行严格的许可制度，可以转化为其他用途，供投资者有偿开发。另外，环保部门可以会同国土和农业部门形成联合机制，参照《基本农田保护条例》的规定，以环保部为主管部门，对于污染耕地进行登记并可供查阅，由乡（镇）政府与村民委员会签订污染耕地土地利用承诺书。针对污染严重的耕地，经过一段时间的管制或修复，权利人可以申请恢复种植或恢复土地用途，但需要经过环保部门的批准。通过对污染耕地实行用途管制，能够在全国土壤修复全面开展之前，有效遏制农产品污染和危害。

第二节　耕地质量和生态环境管控对策

相比其他国家，我国耕地资源最少、质量最差、利用强度最高、对耕地的依赖性最强，耕地资源保护和利用问题是一个只能靠我国自己破解的难题。从富阳区的几项指标来看，存在耕地数量不足、质量不高，处于亚健康状态等问题。耕地本身提供的自然肥力已经难以保证粮食生产，高肥、高药式的利用相当于不断给耕地吃"保胎药"，损害了基础地力，造成了耕地污染。我国当前的耕地保护方式要正逐步转向"管控、建设、激励"多措并举，"用途管制、占补平衡、土地整治、补偿激励"综合施策，以形成更完善、更符合新时代特征的制度框架体系，为确保粮食安全、生态安全、国家安全，构筑坚实的土地资源基础。为此，提出以下耕地质量和生态环境管控建议和措施。

在耕地保护制度和政策方面,要从以下几方面进行改进。

(1)落实最严格的耕地保护制度

加强土地规划管控和用途管制,严格永久基本农田划定和保护,改进耕地占补平衡管理。将完善耕地占补平衡责任落实机制,实行占补平衡差别化管理政策,大力实施土地整治落实补充耕地任务,规范省域内补充耕地指标调剂,探索补充耕地国家统筹,严格补充耕地检查验收。

(2)创新手段,加强耕地数量、质量、生态"三位一体"保护

耕地生态功能是生产功能的前提和基础,没有健康的生态功能,生产功能就不可能得以维持。在这个意义上说,没有农田生态系统的健康和可持续性,就没有良田、没有粮食生产、没有农业现代化。

要建立健全的耕地质量和耕地产能评价制度,完善评价指标体系和评价方法;应用卫星遥感监测等技术手段,完善土地调查监测体系和耕地质量监测网络;开展耕地质量年度监测成果更新;实施土地科技创新战略,以土地工程为重点,着力研发耕地质量提升、退化土地治理、荒废土地利用、土地生态修复等技术,强化土地整治的工程化、生态化技术应用;破解我国耕地质量和生产力提升的科学问题和突破技术瓶颈,实现耕地质量感知、耕地质量快速构建、耕地生产力快速形成、退化耕地综合治理、损废耕地质量和生产力重建等技术创新和耕地数量、质量、生态"三位一体"监管技术体系和平台建设。

(3)推进建设用地集约节约利用

可按照"控规模、划红线、统城乡、调结构、拆违法、用存量"的思路推进城乡建设用地集约节约利用。严控新增建设用地,严控农村集体建设用地规模,推动有条件的地区实现建设用地"减量化"或"零增长"。盘活利用存量建设用地,充分挖潜和整合各类空间资源,提升城市通透性和微循环能力。深入推进城镇低效用地再开发,探索形式多样的低效用地开发模式,引导产能过剩行业和"僵尸企业"用地退出、转产和兼并重组。开展建设用地节约集约利用调查评价。通过节约集约控制总量、减少增量、优化存量,把耕地保护好、把土地利用好、把发展保障好。

(4)推进土地整治,建设高标准基本农田

推进土地整治,改造中、低产田,发挥"存量"耕地的效益,建设高标准基本农田。通过对田、水、路、林、村的综合整治,提升土地供给能力和水平,促进耕地质量的提升和生态的改善,提高农田产出率和粮食产能。通过改造中、低产田,不仅能达到保障粮食安全的目的,而且能减少成本,仅为垦荒造田成本的1/3。可

在将一般预算安排用于耕地保护基金的基础上,统筹安排可用于耕地保护的新增建设用地有偿使用费、农业土地开发基金、耕地开垦费和土地复垦费等,集中用于高标准农田建设。同时,积极吸引社会资金和金融资本参与高标准农田建设,进一步改进和加强高标准农田建、管、护等各个环节工作,力求不断提升建设质量和水平。

(5)划定开发边界,防止城市无序蔓延

部署城市开发边界划定工作,与基本农田保护红线、生态保护红线的划定同步推进,作为城市开发的实体边界。进一步强化"三条线",即控制城市边线,把握生态红线,严守耕地底线。

(6)加强考核评价,完善激励约束机制

健全耕地保护补偿机制。鼓励地方统筹安排财政资金,对承担耕地保护任务的农村集体经济组织和农户给予奖补。建立耕地保护共同责任机制,明确并强化地方政府的主体责任。完善省级政府耕地保护责任目标考核办法。推动落实耕地和永久基本农田保护领导干部离任审计制度。

在耕地生态养护方面,要从以下几方面进行改进。

(1)加强耕地生态质量调查,实施耕地休养战略

坚持以保护优先、自然恢复为主的方针,在做好调查与评价的基础上,对水土流失严重的坡耕地、严重沙化耕地和严重污染耕地适时退出耕种,对土壤重金属污染严重、区域生态功能退化、可利用水资源不足等不宜连续耕种的农田在做好休养规划的基础上实行定期休养,实现部分耕地暂停或退出生产功能;在耕地休养期间,采取必要的养护措施以达到改善地力和生态保育的目的;对农民尚在耕种的拟休养耕地,制订休养经济补偿标准给予经济补偿。

在进行耕地生态质量调查和评价时,要充分利用不同部门既有研究成果。如可将国土部门完成土地利用变更调查成果中的耕地分布成果与水利部完成的全国水土流失调查评价成果、林业部门完成的全国荒漠化调查评价成果以及环保部和国土资源部完成的全国土壤污染状况调查成果,进行叠加后评价,确定重金属污染区和生态严重退化区地理空间分布。

(2)加强耕地生态系统健康修复

我国耕地面临着严重污染,生物生长限制因素增加,土地质量下降等诸多生态环境问题。从田块尺度上,目前农业部门从耕地利用角度推广和应用了测土配方施肥、保护性轮作和耕作、病虫害综合防治等集成技术;国土资源部门采取了耕地质量分等定级、监测评价、农用土整治等综合管理措施。

　　要想真正实现耕地质量提升和有效管理,还应从耕地生态系统健康的角度,在耕地监测中加强对耕地有机指标(有机质、土壤微生物、动物等)的监测;在土地整治过程中加强对污染、退化和废弃耕地的生态修复与改造,生物生境修复,生物多样性保护,土壤生物关系与健康重建。此外,土地整治不仅要重视新增耕地数量评价、综合质量和功能的评价,而且要重视整治后耕地生态系统整体性的综合评价,以提高耕地综合生产能力、生态景观服务能力。

　　(3)提高耕地生态景观服务功能

　　耕地及其所处的生态系统具有气候与水文调节、生物多样性保护、废弃物净化、文化传承、地域文化景观表达等重要的生态景观功能。例如,城市边缘区的耕地除了提供粮食、蔬菜生产外,还为城市提供降低热岛效应、增加地表水入渗、防灾避险、雨洪管理、居民休闲等生态景观服务。生态景观服务功能是耕地质量的重要指标,耕地质量管理与评价在综合考虑土壤健康、地表特性、气候条件、农田工程和环境质量等田块层次要素的基础上,还应着重考虑耕地的生态景观服务功能。

　　不同利用方式的耕地及其周围的沟路林渠、半自然生境等通过各要素有机整合构成了不同类型的农业景观。它是人类活动与自然要素长期相互作用的结果,具有多种价值,亦称为农耕文化景观。农业生态景观服务功能在一定程度上可以理解为耕地质量综合功能的体现,保护、重建和提升农业生态景观功能应成为土地整治中耕地质量提升的最高目标。具体而言,应重视农业生态景观层次上的水土、污染物和水盐运动过程、生物迁移的分析评价,加强景观层次上的生物多样性保护和监测、沟路林渠生态景观化技术研究和应用、控制养分流失缓冲带建设、半自然生境保护和重建、污染水体生态修复、田块作物生产和覆盖轮作、土地休耕等集成化工程技术措施应用,提高农业景观生态系统稳定性,增强生态系统反馈作用,间接提高和持续保持土地生产能力。

　　此外,在高标准基本农田建设中,应根据田块大小与规模效益和成本投入的关系,优化田块、沟路林渠、半自然生境构成的景观空间格局,维系地域生态景观功能,实施精细化、生态景观化的高标准基本农田建设。

　　(4)推进化肥农药减施增效计划,降低耕地开发利用强度

　　要合理降低耕地开发利用强度,实施化肥农药减施增效计划,坚持用养结合,依靠工程、农艺、农机的综合措施,重点针对耕地土壤酸化、盐渍化、养分失衡、耕层变浅、重金属污染、残膜污染等突出问题开展耕地修复和养护。通过调整生产结构、调节生产时序,逐步建立与资源禀赋相匹配的种植结构和轮作制度。

(5)推动实施耕地分类分区管理,建立耕地质量考核制度

推动实施耕地分类分区管理,建立耕地质量考核制度,建立和完善耕地休养生息支持政策,建立耕地休养生息保障约束机制,加快建立耕地污染防控治理体系政策措施。

(6)建立耕地质量监管机制和耕地质量保护长效投入机制

建立耕地质量监管机制,研究设立耕地质量"红线",加强耕地质量监测网络建设,增设监测网点,建立以省级为龙头、市州为枢纽、县市为骨干的耕地质量监管信息系统。加强耕地质量综合监测、评价,揭示耕地生产力等级和时空差异及其影响因素,预测耕地生产、生态和景观功能动态变化,推进耕地质量动态化管理。

从耕地质量监管体系构建来看,着力创立一种跨部门、跨行业、跨学科,强有力的协调和管理制度或机构,建立土地整治全过程考核监管制度,推进高标准农田建设、耕地质量提升。农户或基层集体经济组织应充分参与到耕地质量提升和管理的相关环节中,享有充分的话语权,监督耕地质量提升和管理的其他利益相关者。

结合粮食安全省长责任制考核和省级政府耕地保护目标责任制考核,强化地方各级政府耕地质量保护意识和责任。建立健全耕地质量保护长效投入机制。从土地出让收益中提取一定比例支持农业部门开展耕地质量建设与管理,研究制定耕地质量保护补偿政策,遏制耕地质量下降势头,确保粮食安全、农产品安全、社会稳定和农业的可持续发展。

(7)推进耕地质量保护立法

在法律法规修订中,强化基本农田保护的永久性,确保耕地数量;出台《耕地质量保护条例》《肥料管理条例》,提高耕地质量建设与管理工作的制度化、法律化水平。

(8)从不同层面全面强化耕地质量管理制度

按照系统的层次尺度性管理原则管理耕地。从高层,耕地应是"一把手"抓的"头等大事","一把手"不仅要管控土地数量,而且应肩负起耕地质量提升和管理任务,实现区域化耕地数量、质量和生态严格监管;从基层,耕地质量提升和管护应尽可能落实到最直接的利益相关者或最适当的一级,制定以农户为主体的土地整治和耕地质量管护制度,让农户成为耕地质量的受益者和"守护神"。

参考文献

鲍桐,孙丽娜,孙铁珩,等,2010. 重金属污染土壤植物修复技术强化措施研究进展[J]. 环境科学与技术(S2):458-462.

傅伯杰,吕一河,陈利顶,等,2008. 国际景观生态学研究新进展[J]. 生态学报,28(2):798-804.

高明俊,张秀秀,2015.论污染农用地的用途管制[J].沈阳工业大学学报(社会科学版),8(1):82-86.

荆旭慧,李恋卿,潘根兴,2007. 不同环境下土壤作物系统中重金属元素迁移分配特点[J]. 生态环境,16(3):812-817.

靳治国,施婉君,高扬,等,2009. 不同土地利用方式下土壤重金属分布规律及其生物活性变化[J].水土保持学报,23(3):74-77.

康玲芬,李铎瑞,任伟,等,2006.不同土地利用方式对城市土壤质量的影响[J].生态科学,25(1):59-63.

李恋卿,郑金伟,潘根兴,等,2003. 太湖地区不同土地利用影响下水稻土重金属有效性库变化[J]. 环境科学,24(3):101-103.

李晓燕,陈同斌,雷梅,等,2010. 不同土地利用方式下北京城区土壤的重金属累积特征[J]. 环境科学学报,30(11):2285-2293.

李岩,2007.土地整理的区域生态环境影响及其综合效益评价研究[D].济南:山东农业大学.

梁小虎,2010.无锡太湖保护区土地生态修复与土地整理研究[D].无锡:江南大学.

刘城刚,孙崔兰,2005.当前我国农村土地集约利用存在的问题和对策[J].河南国土资源(4):10-12.

柳民顺,2002.土地利用变化研究方法的探讨——以西吉县 80 年代土地利用变化为例[J].水土保持学报,16(5):60-66.

陆安详,王纪华,潘瑜春,等,2007. 小尺度农田土壤中重金属的统计分析与空间分布研究[J]. 环境科学,28(7):1758-1583.

马建华,李灿,陈云增,2011. 土地利用与经济增长对城市土壤重金属污染的影响——以开封市为例[J]. 土壤学报,48(4):743-750.

潘根兴,成杰民,高建琴,等,2000.江苏吴县土壤环境中某些重金属元素的变化[J].长江流域资源与环境,9(1):51-55.

宋成军,张玉华,刘东生,等,2009.土地利用/覆被变化(LUCC)与土壤重金属积累的关系研究进展[J].生态毒理学报,4(5):617-624.

王岩,2012. 基于土地整理的农田污染防治综合技术研究——以福建长乐基本农田示范区为例[D].济南:山东师范大学.

王岩,成杰民,2012. 重金属污染农田土地整理技术研究[J].环境科学与技术,35(5):164-168.

向海霞,2009.土地整理生态环境影响评价的研究[D].重庆:西南大学.

谢婧,吴健生,郑茂坤,等,2010.基于不同土地利用方式的深圳市农用地土壤重金属污染评价[J].
生态毒理学报,5(2):202-207.

杨惠,2010.土地用途管制法律制度研究[M].北京:法律出版社.

于兴修,杨桂山,王瑶,2004.土地利用/覆被变化的环境效应研究进展与动向[J].地理科学,
24(5):627-633.

赵淑苹,陈立新,2011.大庆地区不同土地利用类型土壤重金属分析及生态危害评价[J].水土
保持学报,25(5):195-199.

Blake W H, Walsh R P D, Reed J M, et al., 2007. Impacts of lomdscape remedatiion on the
heavy mental pollution dynamics of a lake surrounded by non-ferrous smelter waste[J].
Environmental Pullution, 48(1):268-280.

Chang T K, Shyn G S, Lin Y P, et al., 1999. Geostatistical analysis of soil arsenic content in
Taiwan[J]. Journal of Environmental Science and Health(Part A),34(7):1495-1501.

De Vries W, Lofts S, Tipping E, et al., 2007. Impact of soil properties on critical concentrations of
cadmium, lead, copper, zinc, and mercury in soil and soil solution in view of ecotoxicological
effects[J]. Reviews of Environmental Contamination and Toxicology,191: 47-89.

Derome J, Nieminen T, 1998. Metal and macronutrient fluxes in heavy-metal polluted Scots
pine ecosystems in SW Finland [J]. Environmental Pollution,103(2-3): 2190-2228.

Fleischer A, Tsur Y, 2000. Measuring the recreational value of agricultural landscape[J].
European Review of Agricultural Economics,27(3):385-398.

Imperato M, Adamo P, Naimo D, et al., 2003. Spatial distribution of heavy metals in urban
soils of Naples city(Italy)[J]. Environmental Pollution,124(2): 247-256.

Johnson A R, 2004. Landscape Ecotoxicology ecotoxicology and assessment of risk at multiple
scales [J]. Human and Ecology Risk Assessment: An International Journal,
8(1): 127-146.

Lin Y P, teng T P, Chang T K, 2002. Multivariate analysis of soil heavy metal pollution and
landscape pattern in changhua county in Taiwan[J]. Landscape and Urban Planning,
62(1):19-35.

Pruckner J G, 1995. Agricultural landscape cultivation in Austria: an application of the CVM[J].
European Review of Agricultural Economics,22(2):173-190.

Ross S M, 1994. Retention, transformatioin and mobility of toxic metals in soils[M]. //Ross
S M. Toxic Metals in Soil-Plant Systems. Chichester: John Wiley:63-152.

Sartor J D. Boyd G B, Agardy F J, 1974. Water pollution aspects of street surface
contaminants[J]. Journal of Water Pollution Control Federation, 46(3):458-467.

Tsai M H A, 1993. Study of paddy rice fields external benefit[J]. Operation of Water
Resource Consortium(12):1-66.

请下载立方书 APP,扫描二维码查看书中彩图资源

图书在版编目（CIP）数据

耕地质量与生态环境管理 / 李艳著. —杭州：浙
江大学出版社，2018.3
ISBN 978-7-308-17425-1

Ⅰ.①耕… Ⅱ.①李… Ⅲ.①耕地土壤－土地质量－
质量管理－研究－富阳②生态环境－环境管理－研究－富
阳 Ⅳ.①S155.4②X321.255.3

中国版本图书馆 CIP 数据核字（2017）第 230693 号

耕地质量与生态环境管理

李 艳 著

策　　划	许佳颖	
责任编辑	金佩雯　郝　娇	
责任校对	陈静毅　梁　容	
封面设计	周　灵	
出版发行	浙江大学出版社	
	（杭州天目山路 148 号　邮政编码 310007）	
	（网址：http://www.zjupress.com）	
排　　版	杭州隆盛图文制作有限公司	
印　　刷	虎彩印艺股份有限公司	
开　　本	710mm×1000mm　1/16	
印　　张	15	
字　　数	261 千	
版 印 次	2018 年 3 月第 1 版　2018 年 3 月第 1 次印刷	
书　　号	ISBN 978-7-308-17425-1	
定　　价	55.00 元	

地图审核号：浙 S(2017)292 号